JN302689

経済・経営系のための
よくわかる統計学

前川功一 ［編著］

得津康義・河合研一 ［著］

朝倉書店

はしがき

　私たちの身の回りには統計情報が氾濫しています．統計数字を目にしない日はありません．さらにビジネスの現場においては統計学に関する最低限の知識と技能が求められているといっていいでしょう．現代社会は，統計の専門家ではない一般の人々が統計数字を読みこなし，簡単な統計計算を行うことが要求される社会です．ところが高校までは統計学が数学の一部として教えられていますので，いわゆる文科系の数学の得意でない人々には統計学は敬遠されがちです．しかし，数学が苦手だからといって，統計を避けてはいられないと感じている人々は少なくないと思います．本書は主として社会科学系大学・学部の大学生および一般社会人の方々で統計学を初歩から学びたい，または学び直したいという人々のための統計学の入門書として書かれています．事実，本書は筆者の1人(前川)が，広島経済大学社会人キャリアアップ講座で行った「確率・統計入門」の講義ノートとスライドを元に書かれています．本格的に学ぶためには高度の数学が必要になりますが，ユーザーとして統計を使うだけならその必要はありません．本書は，四則演算($+$, $-$, $\times$, $\div$)さえ分かっていれば統計学を理解し利用することは可能だという考えに立って書かれています．したがってできるだけ数式を使わずに現実のデータや架空の数値例とビジュアルなグラフを使って分かりやすく具体的に説明することに努めました．また一部の数学的な箇所は数学的補足または補論に回し，それらは飛ばして読んでいただいても本質的なことは理解できるように説明したつもりです．

　しかし本書は単なるハウ・ツーものではなく，あくまでも統計学の理論的基礎を理解していただくことを重視しています．数学を使わないでそれを理解していただく方法として，本書ではコンピュータを使った，モンテカルロ実験というある種の模擬実験(シミュレーション)を通して理論を体験的に理解していただくという方法をとっています．言い換えれば統計理論を数学的に証明するのではなく，模擬実験を通して，"なるほど理論どおりの結果になっている"とまずは"納得"していただこうというわけです．最も簡単な

例をとってモンテカルロ実験を説明すれば次のようにいえます．例えばサイコロを振ったときどの目が出るかは偶然に左右されますから完全に予測することはできません．しかしどの目も一様に出現しやすい歪みのないサイコロでは，出る目の平均は 3.5 であることが数学的に証明されます．また実験的に何度もサイコロを振って出た目の平均をとれば 3.5 に近い値が得られます．モンテカルロ実験とは，このような実験をコンピュータの中で行い，実験結果から理論を"納得"してもらうという方法です．統計を使えるようになるだけでよいという読者にとっては，それで十分だと思いますし，それでは物足りないと感じる読者はさらに上級のレベルの教科書に進まれることをお勧めします．なお，最後の章は確率・統計のファイナンスへの応用例を取り上げました．この章は，統計学入門というより金融工学の入門的な解説に当てられています．確率・統計が経済・経営の分野に有効に応用されているという事例として紹介しました．

　本書を執筆するに当たって，上述の社会人キャリアアップ講座聴講生の皆様からいただいたご意見を参考にさせていただきました．また朝倉書店編集部には企画から原稿のチェックに至るまで大変お世話になりました．これらの方々に感謝申し上げます．

　2013 年 2 月

筆者代表　前川功一

目　　次

序論―モンテカルロ実験― ……………………………………………… 1

1. データの整理 ……………………………………………………… 5
　1.1　度数分布表 …………………………………………………… 5
　1.2　ヒストグラム ………………………………………………… 7
　1.3　分布の位置の尺度（代表値） ……………………………… 8
　1.4　分布の広がりの尺度 ………………………………………… 12
　1.5　分布の歪度と尖度 …………………………………………… 16
　◇ 補論 1.1　所得格差を測る：ジニ係数 ……………………… 17
　◇ 補論 1.2　様々な平均 ………………………………………… 21
　◇ 補論 1.3　物 価 指 数 ………………………………………… 23

2. 確　　率 …………………………………………………………… 29
　2.1　事象と確率 …………………………………………………… 29
　2.2　確率変数・確率分布 ………………………………………… 41

3. 正 規 分 布 ………………………………………………………… 53
　3.1　正規分布の性質 ……………………………………………… 53
　3.2　2項分布と正規分布の関係 ………………………………… 60
　3.3　2項分布の正規近似 ………………………………………… 62
　◇ 補論 3.1　一 様 分 布 ………………………………………… 65
　◇ 補論 3.2　カイ 2 乗分布 ……………………………………… 66
　◇ 補論 3.3　自由度について …………………………………… 69

4. 推定と検定 ………………………………………………………… 71
　4.1　母集団と標本 ………………………………………………… 71
　4.2　推定量の性質 ………………………………………………… 73
　4.3　標本平均の分布 ……………………………………………… 75

  4.4 標本比率の分布 ································· 79
  4.5 区 間 推 定 ····································· 81
    4.5.1 平均の区間推定 ··························· 81
    4.5.2 比率の区間推定 ··························· 82
  4.6 仮 説 検 定 ····································· 83
   ◇ 補論 4.1 適合度の検定 ···························· 88

5. 相関係数と回帰係数 ·· 91
  5.1 相 関 係 数 ····································· 91
  5.2 回 帰 係 数 ····································· 94
  5.3 回帰係数の標本分布と区間推定 ······················· 99
  5.4 回帰係数の検定 ································· 104
   ◇ 補論 5.1 2 変量正規分布 ··························· 106
   ◇ 補論 5.2 Excel による回帰分析の方法 ················ 109

6. 時系列分析 ·· 115
  6.1 経済時系列データ ······························· 115
  6.2 名目値と実質値 ································· 117
  6.3 季 節 調 整 ····································· 120
  6.4 自 己 相 関 ····································· 122
  6.5 自己回帰モデル ································· 123
  6.6 非定常時系列 ··································· 126
   ◇ 補論 6.1 ダービン・ワトソン検定 ···················· 128
   ◇ 補論 6.2 Dickey–Fuller の検定 ····················· 130

7. 確率・統計の応用 ―リスク管理と確率・統計― ··········· 135
  7.1 金融デリバティブと確率・統計 ······················ 135
  7.2 生命保険と確率・統計 ····························· 136
  7.3 ポートフォリオ分析入門 ···························· 138
  7.4 オプション価格入門 ······························· 144

付 表 ·· 157
参考文献 ·· 162
練習問題解答 ·· 163
索 引 ·· 166

序論
―モンテカルロ実験―

　はしがきで述べたように，本書では数学的な証明や数式の導出は行わず，可能な限り数式を使わずに説明を試みました．その代わり，モンテカルロ実験というコンピュータを使ったある種の模擬実験によって数学的内容を納得していただくという手法をとりました．はしがきでは，モンテカルロ実験の最も簡単な例として，サイコロの例を挙げました．すなわち本書の説明方法は，例えばサイコロを振ったとき出る目の平均を数学的に求める代わりに，実験的にサイコロを何度も振って出た目の平均を計算することによって理論を実験的に確かめるという方法だということを述べました．しかし実際にサイコロを何回も振るのは面倒ですから，代わりにコンピュータの中で1から6までの数字をランダムに発生させることによってサイコロを振るのと同様な効果を持つ実験を行います．コンピュータにはこのようなランダムな数を発生させるプログラムが組み込まれています．そのような数を乱数といいます．

▷ **モンテカルロ実験の例1：サイコロの目の平均**

　では実際にコンピュータを使ってサイコロの出る目の平均的な値をモンテカルロ実験で確かめてみましょう．最初にコンピュータに1から6までの数が一様に出やすく (言い換えればどれか特定の目が出やすいということはないように) 仕組まれた乱数を発生させます．そのような乱数を一様乱数といいます (第3章の補論3.1を参照してください)．2回や3回サイコロを振っただけではサイコロの目の真の平均を知ることはできませんから数百回〜数千回サイコロを振る実験が必要になります．実際にサイコロを振る代わりにコンピュータに1から6までの整数の一様乱数を発生させた実験の結果を次の表に示します．サイコロを振った回数 (一様乱数の発生回数) とそのときの平均値は以下のようになりました．10回以下では理論的平均の3.5との隔たりは大きいのですが，100回以上になるとかなり理論値に近づいてきます．

実験結果	
回数	平均値
3	2.67
10	3.3
100	3.46
1000	3.64
3000	3.49
5000	3.52

　下のグラフは横軸に投げた回数 (1 回 ~ 5000 回) をとり，縦軸にその回までの平均値をとったグラフです．3000 回以上になると実験から得られた平均値と理論的平均値との誤差は非常に小さくなることが分かります．このように実験的に理論値を検証する方法をモンテカルロ法といいます．

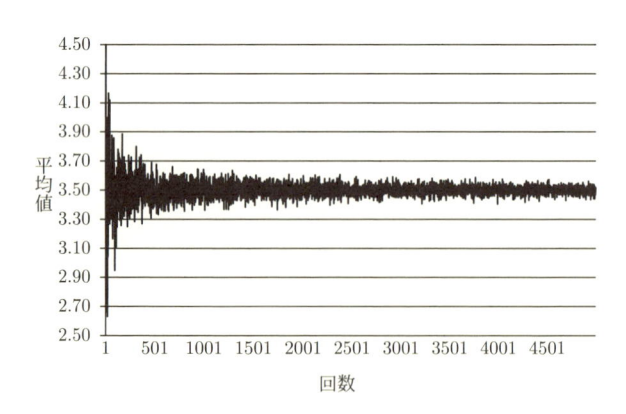

▷ モンテカルロ実験の例 2：コイン投げ

　コインを 10 回投げたとき，表が出る回数は 0 回から 10 回までの可能性があります．表と裏の出やすさに差がないとすると，表が 3 回以下しか出ないということはどの程度の割合で起こるでしょうか．この問題は第 2 章で詳しく説明しますが，その割合は 2 項分布の公式と呼ばれる理論的公式を使えば 17.2% と計算されます．公式を数学的に導出する代わりにモンテカルロ実験で公式から求められる理論値を検証してみましょう．

● モンテカルロ実験 ●

(1) 10 回コインを投げ,そのうち表の出た回数を記録する
(2) この実験を 1000 回繰り返す
(3) 1000 回の実験で,10 回中表が x 回以下であった回数を調べる

実験結果

表の回数 x	1000 回の実験中 表が x 回出た実験回数	1000 回中 の割合%	理論値 %
0	1	0.1	0.0977
1	13	1.3	0.9766
2	37	3.7	4.3945
3	123	12.3	11.7188
4	202	20.2	20.5078
5	253	25.3	24.6094
6	198	19.8	20.5078
7	99	9.9	11.7188
8	63	6.3	4.3945
9	10	1.0	0.9766
10	1	0.1	0.0977

　表の出た回数ごとの割合を棒グラフに表すと下のようになります.このグラフの横軸は表の出た回数 0〜10 の値を示しています.また縦軸はコインを 10 回投げるという実験を 1000 回繰り返したとき,10 回中の表の出た回数ごとの割合を表しています.例えば 3 回表が出た割合は 1000 回の実験中 12.3%であったことを表しています.

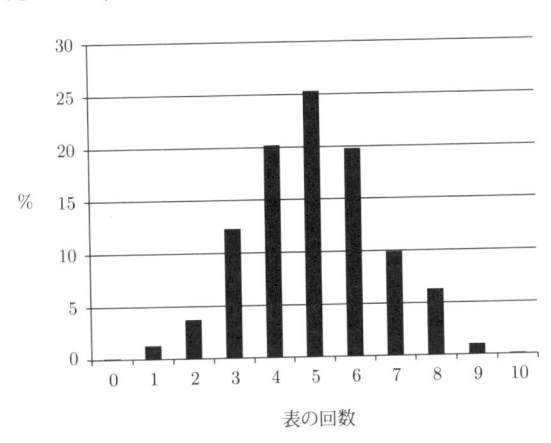

このモンテカルロ実験の結果から，表が出た回数が3回以下であった場合の割合は表が出た回数0, 1, 2, 3ごとの割合の合計ですから 0.1+1.3+3.7+12.3 = 17.4% だったことが分かります．他方，表の出る回数が3以下となる理論的割合はこの表の理論値の欄の表の回数0, 1, 2, 3の合計ですから，17.2% となります．以上の結果から理論値と実験結果は非常に近いので，理論が正しいことを納得していただるでしょう．

　本書では，上の2つの例のように，公式を導出したり証明をする代わりに，モンテカルロ実験によって納得していただくという説明方法をとります．

1 データの整理

1.1 度数分布表
1.2 ヒストグラム
1.3 分布の位置の尺度（代表値）
1.4 分布の広がりの尺度
1.5 分布の歪度と尖度
◇ 補論 1.1 所得格差を測る：ジニ係数
◇ 補論 1.2 様々な平均
◇ 補論 1.3 物価指数

1.1 度数分布表

　統計学はデータを有効活用するためのいろいろな手法を提供してくれます．私たちの身の回りには，国，企業，個人など様々なレベルに関する統計データが存在します．これらのデータを有効に利用して円滑で健全な経済活動や企業経営に役立てるためには統計学の知識が必要になります．統計データには数値データと非数値データ (質的データともいいます) がありますが，統計データの大部分は数値データであるため，本書では主として数値データの分析を扱います．私たちが目にする経済・経営関係の数値データには，国内総生産 (GDP)，消費者物価指数 (CPI)，企業の財務データなどすでに何らかの加工が施されたものが多くあります．加工前のデータを生データといいます．調査や観測から得られた数値を観測値または測定値といいます．大量の生データから有益な情報を取り出すためには，まずデータを整理する必要があります．

　はじめに単純な例を使って最も基本的なデータの整理を説明します．

　表 1.1 は生徒 100 人のテストの点数に関する架空の生データです．このような数値の羅列を見ても特徴や傾向をつかむことは困難です．そこで表 1.2 のように 100 人の生徒を得点順に 10 点刻みに 9 つのグループに分けます．このグループを階級といいます．各階級に含まれる人数を度数といいます．各

表 1.1 テストの点数 (架空のデータ)

74	63	51	67	46	67	51	50	61	64
50	58	61	56	52	41	43	45	41	71
32	70	83	55	48	53	55	87	62	45
41	38	74	51	62	79	67	33	45	68
78	41	70	66	55	38	41	73	60	58
78	47	75	72	52	69	77	53	19	59
68	65	66	69	72	50	82	51	63	62
42	51	42	64	64	100	59	58	74	47
30	82	57	85	50	52	66	64	49	64
63	75	55	64	25	55	66	44	42	62

表 1.2 度数分布表

階級	下限値	上限値	階級値	度数	累積度数	相対度数	累積相対度数
第 1 階級	〜	20	15	1	1	0.01	0.01
第 2 階級	20	30	25	1	2	0.01	0.02
第 3 階級	30	40	35	5	7	0.05	0.07
第 4 階級	40	50	45	18	25	0.18	0.25
第 5 階級	50	60	55	26	51	0.26	0.51
第 6 階級	60	70	65	28	79	0.28	0.79
第 7 階級	70	80	75	15	94	0.15	0.94
第 8 階級	80	90	85	5	99	0.05	0.99
第 9 階級	90	〜	95	1	100	0.01	1
計				100		1	

階級の度数を表 1.2 のようにまとめたものを**度数分布表**といいます．このように度数分布表にまとめてみると，かなり特徴が読みとりやすくなります．表 1.2 には各階級の上限値と下限値が示されており，この下限値以上〜上限値未満の点を持つ生徒の人数 (度数) が示されています．各階級の中央の値を**階級値**といいます[*1)]．例えば第 4 階級に含まれる 40 点以上，50 点未満の生徒の度数は 18 です．また，この階級の階級値は 45 点です．右から 3 列目の**累積度数**とはその階級までの度数を合計 (累積) した値です．例えば第 4 階級の累積度数は，第 1 階級から第 4 階級までの度数の累積，すなわち $1 + 1 + 5 + 18 = 25$ となります．**相対度数**は度数の全体に占める割合，すなわち，度数 ÷ (全体の度数) です．また累積相対度数は，累積度数 ÷ (全体の度数) です．したがって，最後の階級の累積相対度数は 1 になります．

また階級の上限値と下限値との差を**階級幅**といいます．階級幅は必ずしも一定である必要はありません．最初の階級の下限値と最後の階級の上限値を

[*1)] 階級の平均値を階級値とすることもあります．

定めない方法もあります．そのような階級をオープン階級といいます (このような例としては図 1.6 を参照)．階級の数をいくつにすればよいかについても規則はありません．すぐ後に説明する棒グラフ (ヒストグラム) が見やすい形になるように適宜調整すればよいのです (図 1.1 参照).

1.2 ヒストグラム

各階級の階級値を横軸に，対応する度数を縦軸にとった棒グラフをヒストグラムといいます．図 1.1 は先の試験の点数のヒストグラムです．度数分布表からヒストグラムを作成することによって，データがどのように散らばっているか (分布しているか) などの特徴を視覚的にとらえることができます．

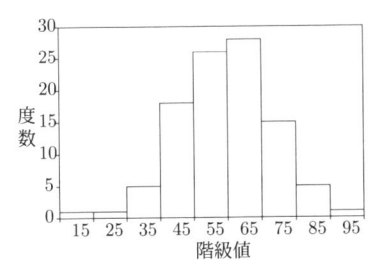

図 1.1　テストの点のヒストグラム

図 1.2 は階級幅を変更した場合にヒストグラムがどのように変わるかを表しています．これら 2 つのグラフに見られるように，階級幅のとり方によってヒストグラムから受ける印象はかなり変わってきます．

図 1.3 は先の試験のデータに関する累積相対度数のグラフです．

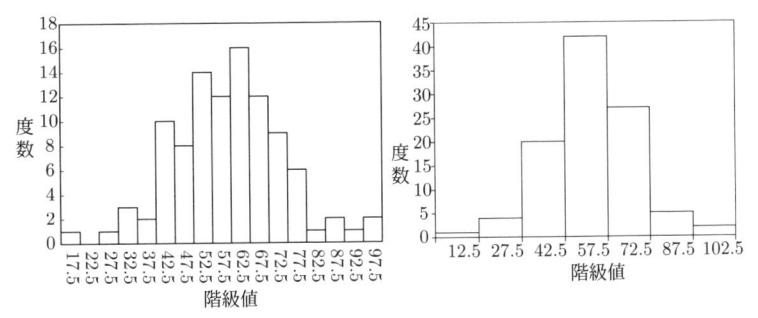

図 1.2　階級幅の影響

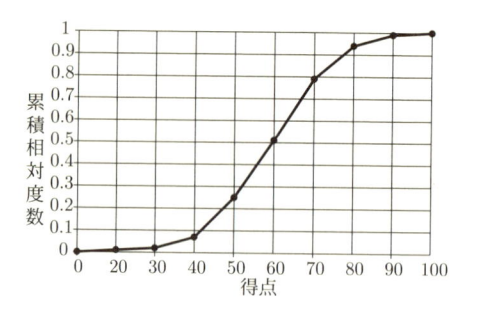

図 1.3　累積相対度数

　分布の特徴を知るためには，分布の位置，広がり，形状などをとらえる尺度が必要になります．次にそれらを説明します．

1.3　分布の位置の尺度（代表値）

　先のテストの生データでは，最低 19 点から最高 100 点まで分布しています．データの分布の位置をとらえる尺度として平均値，中央値，最頻値について説明します．まず，平均値とは以下の式によって計算されます．

$$平均値 = \frac{観測値1 + 観測値2 + \cdots + 観測値n}{観測値の個数(n)} \tag{1.1}$$

このように観測値の関数として表される量を統計量といいます．上に示したテストの得点の例では

$$平均値 = \frac{20 + 21 + 25 + \cdots + 94 + 97 + 100}{100} = 58.4$$

なお (1.1) 式のような計算式は，合計を表すシグマ記号 $\sum$ を使って簡潔に表すことができます．一般に n 個の数字 $a_1, a_2, \cdots, a_n$ の合計 $a_1 + a_2 + \cdots + a_n$ はシグマ記号を使うと

$$\sum_{j=1}^{n} a_j$$

と表されます．いま n 個の観測値1, 観測値2, $\cdots$, 観測値 n を $x_1, x_2, \cdots, x_n$ と記号で表すことにしましょう．また統計学では平均値を $\bar{x}$（エックスバー）という記号で表します．これらの記号を使うと，(1.1) 式は

$$\bar{x} = \frac{x_1 + x_2 + \cdots + x_n}{n}$$

と書くことができます．この式の分子は n 個の観測値の合計ですが，シグマ

記号 $\sum$ を使うと上の式の分子は

$$x_1 + x_2 + \cdots + x_n = \sum_{j=1}^{n} x_j$$

と表されます．したがって平均値は

$$\bar{x} = \frac{1}{n} \sum_{j=1}^{n} x_j$$

と表されます．今後は数式表現を簡潔にするため適宜 $\sum$ 記号を用います．本書では数式をできる限り使わないで説明する方針ですが，$\sum$ 記号は単に足し算を表すだけですから，この記号が出てきたからといって難しい数式が出てきたと敬遠する必要はありません．

平均値は分布の形状がほぼ左右対称であれば分布の中央の位置を表します．テストの得点分布のようにヒストグラムがほぼ左右対称な分布では，平均値のあたりで山の高さが最高になり，平均値の周りに多くの得点が現れます．また平均以上の得点とそれ以下の得点の生徒の数はほぼ等しくなります．分布の位置を表す尺度としては，次の中央値と最頻値もよく用いられます．

中央値：得点を小さい順に並べたとき，その値以下の人数と，それ以上の人数が等しくなるような点を中央値といいます．テストの得点の例では 59 点です．

最頻値：度数が最も高い階級の階級値を最頻値といいます．テストの得点の例では第 6 階級の階級値 65 点が最頻になります (表 1.2 参照)．

左右対称な分布では，平均値，中央値，最頻値の 3 つは一致します．図 1.4 は典型的な左右対称な分布の例です．このような分布については第 3 章で詳しく説明します．

例 1.1 図 1.4 は文部科学省「平成 23 年度学校保健統計調査」をもとに作成した日本の 15 歳男子の身長のヒストグラムです．このグラフでは身長 168 cm 前後の身長の生徒が最も多く，その値を中心にして左右ほぼ対称な山型を形成しています．調査によれば，この分布の平均は 168.3 cm，標準偏差 (1.4 節参照) は 6.03 cm です．

しかし実際には左右対称ではない分布もしばしば現れます．図 1.5(a) のように，分布の裾が右に長く尾を引いている分布を右に歪んだ分布といいます．

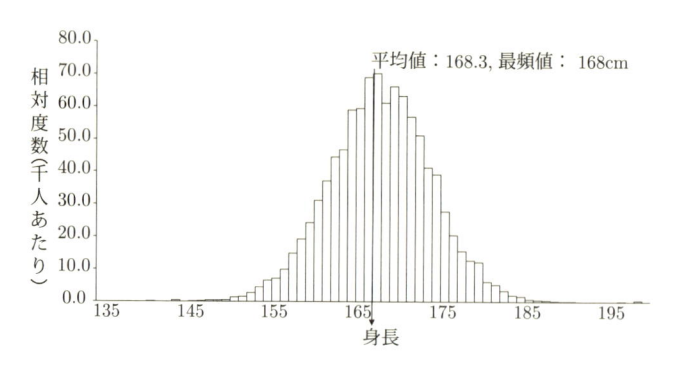

図 1.4　日本の 15 歳男子の身長
出典：「平成 23 年度学校保健統計調査」(文部科学省)

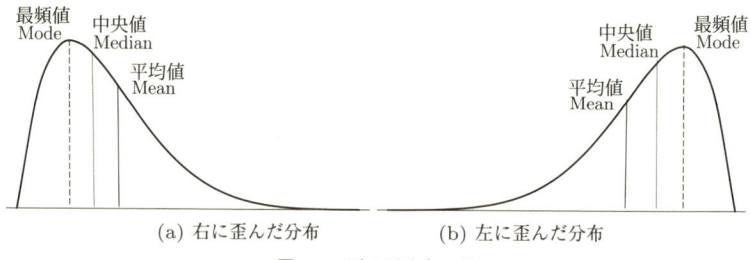

図 1.5　歪んだ分布の例
(a) 右に歪んだ分布　(b) 左に歪んだ分布

これとは逆に図 1.5(b) のように，左に裾が長く尾を引いている分布を左に歪んだ分布といいます．右に歪んだ分布では左から順に最頻値 (Mode)，中央値 (Median)，平均値 (Mean) が (英語辞書に現れる順序とは逆の順序で) 表れます (左に歪んだ分布ではこの順序が逆になります)．

右に歪んだ分布の典型は所得分布です．図 1.6 は国民生活基本調査 (平成 23 年厚生労働省) による所得金額階級別世帯数の相対度数のヒストグラムです．所得金額階級別世帯数の分布をみると，「100〜200 万円未満」が 13.1%，「200〜300 万円未満」が 13.3%，「300〜400 万円未満」が 13.6% と多くなっています．所得金額が世帯全体の平均額 (538 万) より低い世帯の割合は 61.1% となっています．したがって，この場合，平均所得は「平均的」というよりむしろ高額所得者に近いといえます．このように歪んだ分布の場合は平均値より中央値のほうが代表値に適しています．

また，この例では最後の階級の上限値が定められていません．上限値または下限値が定められていない場合をオープンエンド，またそのような階級をオープン階級といいます．オープン階級では上限または下限が存在しないの

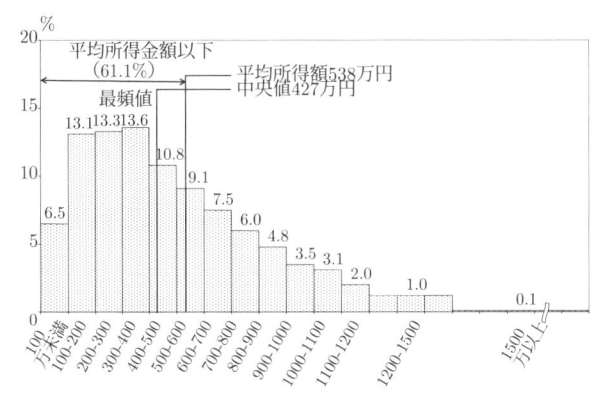

図 1.6 所得金額階級別世帯数の相対度数分布
(右に歪んだ分布・オープン階級の例)
出典：平成 23 年　国民生活基礎調査 (厚生労働省)

(a) 高さを調整しない場合　　(b) 高さを調整した場合

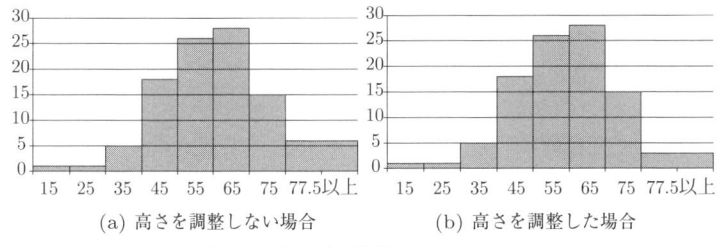

図 1.7　オープン階級のヒストグラム

で階級の中央の値としての階級値が存在しません．この場合はオープン階級に含まれる観測値の平均値を階級値(その階級の中央の値)として代用するのも 1 つの方法です．右端がオープンになっている階級の幅は，オープン階級の下限値から平均値までの距離の 2 倍を階級の幅と見なすことにします[*2)]．そのような例を図 1.7 を使って説明します．この図では 80 点以上をオープン階級としています．はじめに 80 点以上のグループの平均を計算すると 86.5 点となります．ここでは，オープン階級の下限は 80 点なので，この階級の平均値と下限値との差の 2 倍である $13 (= (86.5 - 80) \times 2)$ をオープン階級の幅としましょう．そうするとこの階級幅は，他の一定の階級幅に比べて 1.3 倍になります．このとき，オープン階級の高さは 1/1.3 倍にする必要があります．

[*2)]　ただし必ずしも 2 倍である必要はなく，ヒストグラムの形状によって適宜決めてもかまいません．

一般的には，オープン階級の幅が，他の一定の階級幅の a 倍 (例えば 2 倍) になっていればオープン階級の高さを $1/a$ 倍 (半分) にする必要があります．このように高さを調節しないとオープン階級の度数が実際以上に大きく見えてしまい視覚的錯覚を引き起こします．これを避けるために今述べたような方法で高さを調整します．実はこうすることによってヒストグラムの柱の面積は階級の度数に比例します．図 1.7 は，図 1.1 の最後の 2 つの階級を 1 つにまとめたとき，高さを調整しない場合 (a) と調整した場合 (b) を示しています．

階級の個数や幅のとり方については一定の規則はないので，ヒストグラムの形状を見ながら試行錯誤で決めてもよいとされています．

例 1.2 上に見たように所得分布のヒストグラムは右に歪んだ非対称な分布でした．この他にも非対称な分布の例をもう 1 つ上げておきます．図 1.8 のグラフは文部科学省「平成 23 年度学校保健統計調査」をもとに作成した日本の 15 歳男子の体重のヒストグラムです．図 1.4 で見た身長の分布とは異なり体重の分布はこのように非対称分布となります．

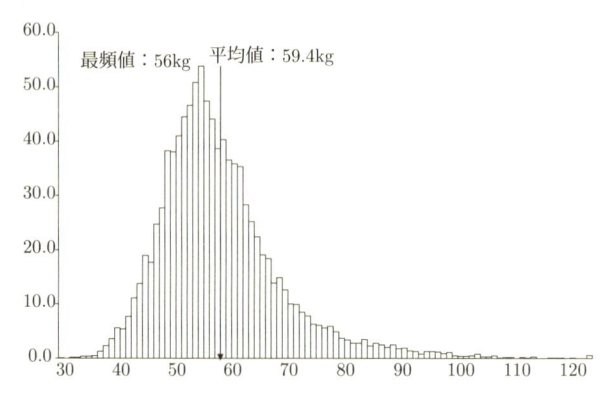

図 1.8 日本の 15 歳男子の体重のヒストグラム
出典：「平成 23 年度学校保健統計調査」文部科学省

1.4　分布の広がりの尺度

図 1.9 は同一の平均を持ち広がりの異なる 3 つの分布が示されています．

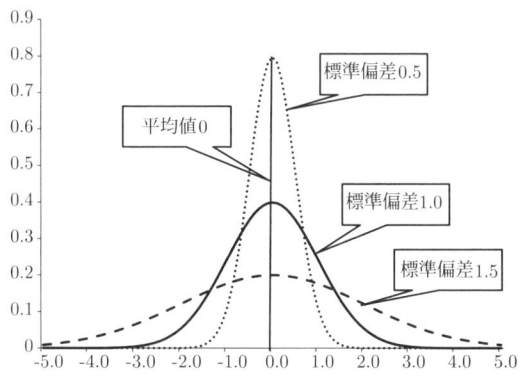

図 1.9　標準偏差の異なる 3 つの分布

広がりの程度を表す尺度として，各観測値と平均値との差 (平均偏差) の合計が候補として考えられます．しかし，平均偏差の合計は 0 になる [*3] ので尺度として相応しくありません．この問題を避けるために統計学では分布の広がりを次に定義する**分散**または**標準偏差**で表します．

$$\text{分散} = \frac{(\text{観測値 1} - \text{平均値})^2 + (\text{観測値 2} - \text{平均値})^2 + \cdots + (\text{観測値 } n - \text{平均値})^2}{\text{観測値の個数 } (n)} \tag{1.2}$$

また分散の平方根を**標準偏差**といいます．

$$\text{標準偏差} = \sqrt{\text{分散}} \tag{1.3}$$

(1.2) 式は，各観測値の平均偏差の 2 乗の平均値を表しています [*4]．すなわち分散は全体として観測値が平均値の周りにどの程度ばらついているかを表す尺度です．分散 (または標準偏差) が大きいほど分布の広がりが大きいといえます．平均値より大きいか小さいかによらず平均値からどれだけ離れているかを評価するため，2 乗を平均しています．上に示したテストの得点の例では

$$\text{分散} = \frac{(20 - 58.4)^2 + (21 - 58.4)^2 + \cdots + (100 - 58.4)^2}{100} = 203.98$$

$$\text{標準偏差} = \sqrt{203.98} = 14.28$$

です．分散の単位は元の変数の測定単位の 2 乗になっているので，その意味

[*3] 簡単な計算により，$\sum_{i=1}^{n}(x_i - \bar{x}) = 0$ となることが容易に確かめられます．
[*4] ここでは分散を計算するときに観測値の数 (n) で割っていますが，観測値の数から 1 を引いて $n-1$ で割る方法もあります．その理由は 4.3 節 で説明します．

が分かりにくくなります．しかし，分散の平方根として定義される標準偏差は元のデータと同じ単位を持つので，分散よりよく使われます．

以上の平均値と分散は生データから直接計算されますが，度数分布表からも近似的な値を以下のように計算することができます．

$$\text{平均値} = \frac{\text{階級値}1 \times \text{第}1\text{階級の度数} + \cdots + \text{階級値}k \times \text{第}k\text{階級の度数}}{\text{全体の度数}}$$

$$= \frac{(15 \times 1) + (25 \times 1) + (35 \times 5) + \cdots + (95 \times 1)}{100} = 59.2$$

$$\text{分散} = \frac{(\text{階級値}1 - \text{平均値})^2 \times \text{第}1\text{階級の度数} + \cdots + (\text{階級値}k - \text{平均値})^2 \times \text{第}k\text{階級の度数}}{\text{全体の度数}}$$

$$= \frac{(15-59.2)^2 \times 1 + (25-59.2)^2 \times 1 + (35-59.2)^2 \times 5 + \cdots + (95-59.2)^2 \times 1}{100}$$

$$= 194.36$$

$$\text{標準偏差} = \sqrt{\text{分散}} = \sqrt{194.36} = 13.94$$

このように度数分布表から計算された値は，生データから計算された値に非常に近いことが分かります．

標準偏差の意味を理解することは統計学を理解する上で極めて重要です．その意味をよりよく理解するために複数の分布を比較する例を考えてみます．

次に平均値も分散も異なる2つの分布の比較を考えます．図 1.10 は 1000 人の生徒が受験したある架空の模擬試験の国語と数学の得点の分布です．このヒストグラムから，得点分布は数学のほうが国語よりやや広い範囲に分布している (ばらつきが大きい) ことが見てとれます．この2科目の標準偏差は数学が 17.3 点，国語が 11.4 点なので，ばらつきの大きい数学の得点分布

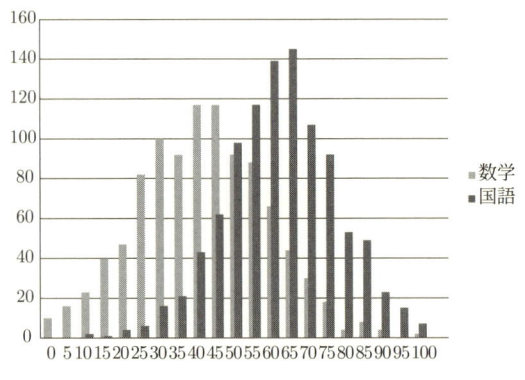

図 1.10 1000 人の生徒の国語と数学の得点分布
数学：平均値=40 点　標準偏差=17.3 点　国語：平均値=60 点　標準偏差=11.4 点

のほうが標準偏差も大きな値をとっています．左右対称で，山型の分布では標準偏差と分布のばらつきの間にはおおよそ次のよう関係があります．

> 平均値 ±1 標準偏差の幅の中に全体の約 66% が含まれる
> 平均値 ±2 標準偏差の幅の中に全体の約 95% が含まれる
> 平均値 ±3 標準偏差の幅の中に全体の約 99% が含まれる

これについては第 3 章で詳しく説明します．ここでは幅が標準偏差の整数倍の例を示しましたが，整数倍である必要はありません．得点が平均値から標準偏差の何倍離れているかを示すために，次のような尺度を用います．

$$Z = \frac{得点 - 平均値}{標準偏差} \tag{1.4}$$

これを**標準化変量**と呼びます．

第 3 章で説明するように，分布がほぼ左右対称であれば，ある得点が平均値から標準偏差の何倍離れているかが分かれば全体の中でのおおよその相対的な順位を知ることができます．

ある生徒の国語と数学の得点が，それぞれ 65 点と 45 点だったとします．いま，この生徒は国語と数学のどちらがよくできたかを知りたいとしましょう．この問いをもう少し一般的にいうと，「平均値も標準偏差も異なる分布の比較はどのようにすればよいか」という問題になります．1 つの合理的な考え方は，点数ではなく相対的な順位で比較することです．この例において相対的な順位を比較すると国語の 65 点は 1000 人中の上位から数えて 34.5%，数学の 45 点は上位から数えて 35.6% の点数です．したがってこの生徒は国語のほうが少しいい点だったといえます．このような考え方をいちいち順位を数えなくても分かるように定式化したものが**偏差値**です．偏差値は次のような公式で表されます．

$$偏差値 = \frac{得点 - 平均値}{標準偏差} \times 10 + 50 \tag{1.5}$$

得点をこのように変換すると，変換された得点の分布は 平均値 = 50 点，標準偏差 = 10 点 の分布になることが知られています．図 1.11 は国語と数学の偏差値のヒストグラムです．

このように平均値も分散も異なる 2 つの分布における得点を偏差値に変換すると同一の平均値と分散を持つ分布になることが分かります．

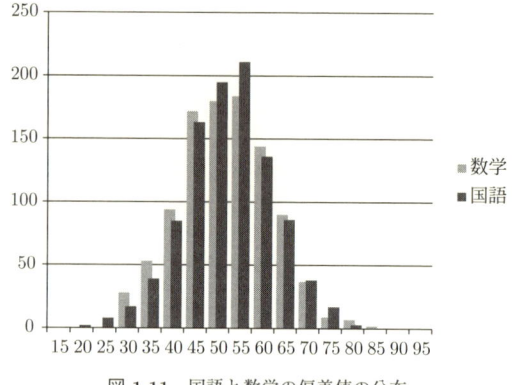

図 1.11 国語と数学の偏差値の分布

さて，もう一度国語の 65 点と数学の 45 点はどちらがよくできたかという問題を考えてみましょう．

国語の 65 点を偏差値に変換すると

$$\text{国語 65 点の偏差値} = \frac{65 - 60}{11.4} \times 10 + 50 = 54.4$$

となります．また数学の 45 点を偏差値に換算すると

$$\text{数学 45 点の偏差値} = \frac{45 - 40}{17.3} \times 10 + 50 = 52.89$$

となります．したがってこの生徒は国語の偏差値のほうが数学より少し高いので，国語のほうが少し成績がよかったといえるでしょう．

次にこの国語の偏差値 54.4 に対応するの数学の点数は 47.6 点であることが次のように示されます．

$$\text{数学 47.6 点の偏差値} = \frac{47.6 - 40}{17.3} \times 10 + 50 = 54.4$$

したがって国語の 65 点と数学の 47.6 点の偏差値は等しいので，それぞれの得点分布の中で対等の位置を占めているといえます．

1.5 分布の歪度と尖度

図 1.6 と図 1.8 で見た所得や体重の分布は左右対称ではありませんでした．このような歪んだ分布の歪み度合と歪みの方向を表す**歪度**という次のような尺度があります．

$$\text{歪度} = \frac{1}{\text{全体の度数}} \left\{ \left(\frac{\text{観測値 1} - \text{平均値}}{\text{標準偏差}}\right)^3 + \left(\frac{\text{観測値 2} - \text{平均値}}{\text{標準偏差}}\right)^3 \right. \\ \left. + \cdots + \left(\frac{\text{観測値 } n - \text{平均値}}{\text{標準偏差}}\right)^3 \right\}$$

ここで 1.3 節で導入したシグマ記号 $\sum$ を用いれば歪度は次のように書くことができます．

$$\text{歪度} = \frac{1}{n} \sum_{i=1}^{n} \left(\frac{x_i - \bar{x}}{s}\right)^3 \tag{1.6}$$

歪度が 0 に近いほど分布は左右対称に近くなります．ここに s は標準偏差です．歪度がプラスのときは右に歪んだ (右裾が長い) 分布になります．マイナスのときは左に歪んだ (左裾の長い) 分布になります．

また分布の尖り度を表す尖度という次のような尺度があります．

$$\text{尖度} = \frac{1}{n} \sum_{i=1}^{n} \left(\frac{x_i - \bar{x}}{s}\right)^4 \tag{1.7}$$

なお正規分布 (第 3 章参照) の尖度は 3 であることが知られています．尖度は分布の尖り度を見るだけでなく裾の厚さをみる尺度としても使われます．書物によっては尖度を

$$\frac{1}{n} \sum_{i=1}^{n} \left(\frac{x_i - \bar{x}}{s}\right)^4 - 3 \tag{1.8}$$

と定義したものもあります．またマイクロソフト社の表計算ソフト Excel (以後 Excel と表示) では歪度は次式で定義されています．

$$\frac{n(n+1)}{(n-1)(n-2)(n-3)} \sum_{i=1}^{n} \left(\frac{x_i - \bar{x}}{s}\right)^4 - \frac{3(n-1)^2}{(n-2)(n-3)} \tag{1.9}$$

この式の詳しい説明は省略しますが，n が小さいときはこの式で計算するほうが精度が高くなることが理論的に知られています．n が大きいときは (例えば $n = 1000$) (1.8) 式と (1.9) 式はほとんど差がありません．

補論 1.1　所得格差を測る：ジニ係数

図 1.6 の所得分布では平均値以下の所得世帯が全体の 61.1% でした．このことは所得分配が平等でないことを示しています．このような分布に関して，不平等度の指標としてジニ係数と呼ばれる係数があります．もちろん能力に応じて高額の所得を得ることは不平等とはいえないという見解もありえますから，不平等度というよ

り集中度というほうがよいのかもしれません．しかし，ここでは慣例に従って不平等度という用語を使うことにします．さてジニ係数を説明するために次のような簡単な 2 つの例を考えてみます．いまここに 100 万円を 100 人に分配したいとします．最も平等な分配方法は 1 人 1 人に 1 万円ずつ分配することです (表 1.3)．この場合を完全平等といいます．これに対して最も不平等な分配方法は誰か 1 人に 100 万円すべてを渡し，残りの 99 人の配分金を 0 円とする場合です (表 1.4)．

次の図 1.12 はこの 2 つの極端な場合を図示したものです．横軸は累積相対人数，縦軸は累積相対配分金額です．45 度線は完全平等の場合，直角の線は完全不平等な場合です．

現実の所得配分は，完全平等でも完全不平等でもないので，完全平等線と完全不平等線の中間の弓型曲線 (ローレンツ曲線) のようになります．
平等度が高いほど弓型の曲線は完全平等線に近づいていきます．したがって平等度が高いほど完全平等線と曲線の間の面積が縮小し，完全平等の場合にはその面積が 0 になります．また不平等度が高いほど弓形の曲線は完全不平等線に近づき，完全平等線と曲線の間の面積は拡大します．そして縦軸，横軸の長さをそれぞれ 1 とすると完全不平等の場合にその面積は 1/2 になります．このように考えると完全平等線と弓型の曲線の間の面積は不平等度の尺度として使えることが分かります．実際にはこの面積を 2 倍したものが不平等度の尺度として使われます．それをジニ係数といいます．ジニ係数の値はその作り方から当然完全平等の場合は 0，完全不平等の場合は 1 です．実際のデータでは所得階級が段階的になっているので，ローレンツ曲線は図 1.12 のように滑らかな曲線ではなく図 1.13 のような折れ線になります．

表 1.3　100 万円を 100 人に 1 人 1 万ずつ分配する (完全平等)

個人識別番号	配分額 (万円)	累積配分比 (%)	累積人数 (%)
1	1	1	1
2	1	2	2
3	1	3	3
⋮	⋮	⋮	⋮
98	1	98	98
99	1	99	99
100	1	100	100

表 1.4　100 万円を独り占めにし残りの 99 人の配分は 0 円 (完不平等)

個人識別番号	配分額 (万円)	累積配分比 (%)	累積人数 (%)
1	0	0	1
2	0	0	2
3	0	0	3
⋮	⋮	⋮	⋮
98	0	0	98
99	0	0	99
100	100	100	100

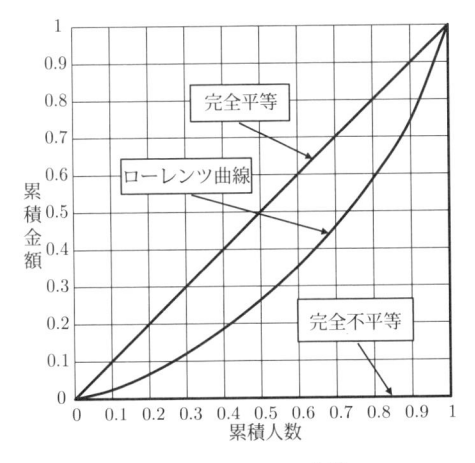

補論1.1 所得格差を測る…ジニ係数

図 1.12 ローレンツ曲線

表 1.5 平成 23 年度の家計調査五分位所得階級別データ

階級	相対所得	累積所得
第 1 五分位	0.066128	0.07
第 2 五分位	0.120723	0.19
第 3 五分位	0.166859	0.35
第 4 五分位	0.233372	0.59
第 5 五分位	0.412918	1

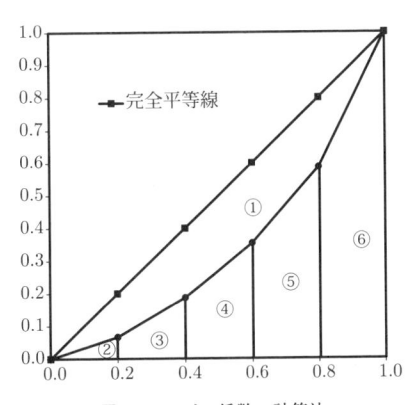

図 1.13 ジニ係数の計算法

　家計を所得の低い順に並べ，低いほうから順に 20% ごとに 5 つに区切った階級を**五分位階級**といいます．それらの 5 つの階級を，所得の低いほうから第 1 五分位階級，第 2 五分位階級などと呼びます．

　図 1.13 は表 1.5 に示した平成 23 年度の家計調査五分位所得階級別データを用いて作成した折れ線のローレンツ曲線です．

　最後にジニ係数の計算手順を図 1.13 を使ってまとめておきましょう．

1) 折れ線と両軸とで囲まれる面積 ② + ③ + ⋯ + ⑥ を計算する．
2) ① の面積 = 0.5 − (② + ③ + ⋯ + ⑥ の面積)
3) ジニ係数 = 2× ① の面積

平成 23 年度の家計調査五分位所得階級別データから上に述べた方法でジニ係数を計算すると 0.339 となります．

ジニ係数は国別に所得不平等度を比較するときしばしば使用されます．表 1.6 の例は OECD 加盟国の所得格差のジニ係数を比較したものです (出典：OECD)．各国とも最近の約 30 年間でジニ係数の値が若干上昇していることが分かります．

表 1.6 　OECD 加盟国の所得格差 (ジニ係数)
日本経済新聞調べ (2011/10/25)

	2008 年	1980 年代半ば
メキシコ	0.476	0.452
米国	0.378	0.337
英国	0.345	0.319
イタリア	0.337	0.309
日本	0.329	0.304
カナダ	0.324	0.293
ドイツ	0.295	0.251
フランス	0.293	0.3
ノルウェー	0.25	0.222
デンマーク	0.248	0.221
OECD 平均	0.316	0.29

次の例として，プロゴルファーの獲得賞金のデータに上の計算手順を応用してみましょう．

図 1.14 は，日本の男子プロゴルフ選手の賞金ランクトップ 100 人の獲得賞金額 (2012 年日本国内：男子) を使ってローレンツ曲線を描いたものです．この場合，ジニ係数は 0.4394 という非常に高い結果になりました．

男子プロゴルフ賞金獲得集中度(2011年)
ジニ係数＝ 0.4694

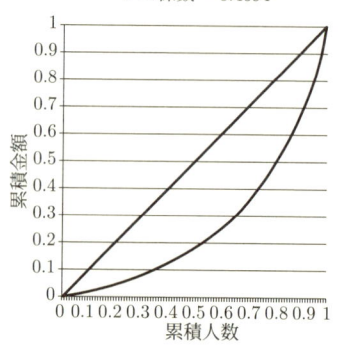

図 1.14 　2012 年男子プロゴルフ賞金ランクトップ 100 人の獲得賞金に関するローレンツ曲線

補論 1.2　様々な平均

▶ 算術平均

いま，n 個のデータがあるとして，それを $\{x_1, x_2, \cdots x_n\}$ で表します．この n 個のデータを使った平均値 $\bar{x}$ は以下の式で計算されます．

$$\bar{x} = \frac{1}{n}(x_1 + x_2 + \cdots + x_n)$$

この計算された $\bar{x}$ のことを算術平均と呼びます．これは第 1 章ですでに見てきた平均と同じで，標本平均とも呼ばれます．

▶ 加重平均

算術平均の右辺を展開すると

$$\frac{1}{n} \times x_1 + \frac{1}{n} \times x_2 + \cdots + \frac{1}{n} \times x_n$$

となります．算術平均はすべてのデータを足してデータの個数で割って求められますが，見方を変えると各データに同じ重み $(1/n)$ をかけて合計したともいえます．しかし，この重み (ウェイト) は必ずしも同じである必要はありません．各データに異なるウェイト $(w_1, w_2, \ldots, w_n)$ をかけて合計したものを加重平均 $(\bar{x}_w)$ と呼び，以下の公式により計算されます．

$$\bar{x}_w = w_1 \times x_1 + w_2 \times x_2 + \cdots + w_n \times x_n$$

ただし，各ウェイトは正の値で，各ウェイトの合計は $w_1 + w_2 + \cdots + w_n = 1$ を満たします．加重平均は経済で重要な物価指数などの計算に用いられています．

▶ 幾何平均

ある銀行の預金金利はその地元球団の勝率に連動して決まるとします．例えば勝率が 5 割なら預金金利は 5%，3 割なら 3% といった具合です．その球団の勝率が以下の表のようになっているとき，100 万円を預けると最終的にいくらになっているかを考えます．ただし，途中で預金の出し入れはないとします．

表 1.7

	1 年目	2 年目	3 年目	4 年目	5 年目
勝率	3 割	2 割	5 割	4 割	6 割
預金金利	3%	2%	5%	4%	6%

最初に預けた 100 万円は 1 年後には 100 万円×(1+0.03) = 103 万円 になります．2 年後は 103 万円に 2 年目の金利の 2% が付くので 103 万円×(1+0.02) = 105.6 万円 となります．つまり 2 年後の元利合計は 100 万円×(1+0.03)×(1+0.02) = 105.6 万円 と計算されます．この計算を繰り返すと最終金額の 121.6091 万円が次のように計算できます．

$$100\text{万円} \times (1+0.03) \times (1+0.02) \times (1+0.05) \times (1+0.04) \times (1+0.06)$$
$$=121.6091\text{万円}$$

この例では，100 万円が 5 年後には約 121.61 万円になりました．このとき 5 年間の平均利子率はいくらだったのかを考えてみましょう．この場合の平均利子率とは，5 年間一定の利子率 r で預金したとき同じ元利合計 121.6091 万円をもたらす利子率を指します．そうすると最初に預けた 100 万円は 5 年後に

$$100\text{万円} \times (1+r) \times (1+r) \times (1+r) \times (1+r) \times (1+r)$$
$$=100 \times (1+r)^5 \text{万円}$$

となります．この値が 121.6091 万円と等しいのですから

$$100 \times (1+r)^5 = 121.6091$$

となります．この式から

$$(1+r)^5 = 1.216091$$
$$(1+r) = \sqrt[5]{1.216091}$$
$$r = \sqrt[5]{1.216091} - 1 = 1.039904 - 1 = 0.039904$$

が計算されます．すなわちこの期間中は平均的に 3.9904% の金利だったことが分かります．

一般に，成長率などの期間中に変化する率 $(r_1, r_2, \cdots, r_n)$ があるときに，初期値 Y_0 が n 期後に Y_n になったとします．すなわち

$$Y_n = Y_0 \times (1+r_1) \times (1+r_2) \times \cdots \times (1+r_n)$$

です．平均成長率とはその期間中に初期値 Y_0 が一定の成長率 r で成長したとき n 年後に同じ結果 Y_n をもたらす一定の成長率と定義されます．すなわち $Y_n = Y_0 \times (1+r)^n$ となるような成長率 r を平均成長率，また $1+r$ を平均成長倍率といいます．これらの関係を 1 つの式にまとめれば

$$Y_n = Y_0 \times (1+r_1) \times (1+r_2) \times \cdots \times (1+r_n) = Y_0 \times (1+r)^n$$

または

$$1+r = \sqrt[n]{(1+r_1) \times (1+r_2) \times \cdots \times (1+r_n)}$$

となります．この式の右辺を，$\{(1+r_1), (1+r_2), \ldots, (1+r_n)\}$ の幾何平均といいます．したがってこの式は平均成長倍率は年々の成長倍率の幾何平均として表されることを示しています．

一般に n 個の観測値 $\{x_1, x_2, \ldots, x_n\}$ の幾何平均は

$$\bar{x}_g = \sqrt[n]{x_1 \times x_2 \times \cdots \times x_n}$$

と定義されます．

▶ 調和平均

週末に 120 km 先の観光地に行きました．往路は道路がすいていたので，時速 60 km で走れましたが，復路は道路が混んでいたので，時速 40 km でしか走れませんでした．この場合の平均時速は何 km かという問題を考えます．

単純に往路と復路の時速の単純平均を計算すると平均は $\frac{60+40}{2} = 50$ km/h ということになります．ここで往復に何時間か要したかを計算してみましょう．往路では 120 km を時速 60 km で走行したので，所要時間は $\frac{120}{60} = 2$ ですから 2 時間要したことが分かります．また復路では 120 km を時速 40 km で走行したのですから $\frac{120}{40} = 3$ より 3 時間要したことが分かります．したがって往復の所要時間は

$$\frac{120}{60} + \frac{120}{40} = 5 (時間)$$

となります．平均時速の定義は

$$平均時速 = \frac{走行距離}{所要時間}$$

ですから，この式に上で計算した走行距離と所要時間を代入すれば

$$\frac{240}{\frac{120}{60} + \frac{120}{40}} = \frac{2}{\frac{1}{60} + \frac{1}{40}} = 48$$

となりますから，平均時速は 48 km となります．この式は一見，なぜこれが平均を表すのかわかりにくいかもしれませんが，平均時速の定義に遡って考えるとこれが平均を表していることは明らかです．この例のような平均を調和平均と呼びます．一般に，n 個のデータ $\{x_1, x_2, \cdots, x_n\}$ についての調和平均は以下の公式で計算されます．

$$\bar{x}_h = \frac{n}{\frac{1}{x_1} + \frac{1}{x_2} + \cdots + \frac{1}{x_n}}$$

補論 1.3 物価指数

物価指数 (正確には消費者物価指数) とは，平均的な消費者の典型的な消費パターンに含まれる商品とサービスの平均価格が，基準となる時点の何倍に上昇 (または下降) したかを表す指数です．このような考えに基づく物価指数を以下のような簡単な例を用いて説明します．

▶ 例：すき焼きの物価指数

いま説明を簡単にするために，肉，野菜，豆腐の 3 種類の材料からすき焼きを作ったとします．基準時点 0 (例えば平成 20 年) では肉 (1 パック 100 g) の単価は 400 円，野菜 (1 束) の単価は 300 円，豆腐 (1 個) の単価は 200 円だったとします．これらの価格が比較時点 1 (例えば平成 24 年) に肉 (1 パック 100 g) の単価は 600 円，野菜 (1 束) の単価は 400 円，豆腐 (1 個) の単価は 300 円になったとします．この 3 種類の材料で作られたすき焼きの物価指数を考えてみます．すき焼きの物価

指数としては，個々の商品の価格上昇の単純平均ではなく，すき焼き全体の価格が何倍になったかを表すほうが適切だと考えられます．しかしながらこの3種類の材料で作られたすき焼きの基準時点0と比較時点1における値段を単純に比較すればいいというわけではありません．なぜならば消費者は材料の価格が変化すれば，すき焼きの内容を変えるかも知れないからです．すなわち基準時点0と比較時点1ではすき焼きの内容も変わってしまう可能性があります．価格の大きく上がった材料を減らし，価格上昇が小さい材料を増やすよう使用材料を調整するのが普通です．しかし，すき焼きの値段の変動を見るためには同じ内容のすき焼きの価格を比較しなければ意味がありません．そこで上のような価格変化に伴って，すき焼きに含まれる3種類の材料の使用量が表1.8のように変わったとしましょう．

表 1.8 すき焼きの材料の価格と数量

時点	品目	単価	数量	金額	ウェイト	価格比
基準時 0	肉	400	1	400	$\frac{400}{1600}$	
	野菜	300	2	600	$\frac{600}{1600}$	
	豆腐	200	3	600	$\frac{600}{1600}$	
比較時 1	肉	600	0.5	300	$\frac{300}{2100}$	$\frac{600}{400}$
	野菜	400	1.5	600	$\frac{600}{2100}$	$\frac{400}{300}$
	豆腐	300	4.0	1200	$\frac{1200}{2100}$	$\frac{300}{200}$
比較時 2	肉	800	0.4	320	$\frac{320}{3280}$	$\frac{800}{400}$
	野菜	600	1.6	960	$\frac{960}{3280}$	$\frac{600}{300}$
	豆腐	500	4.0	2000	$\frac{2000}{3280}$	$\frac{500}{200}$

このすき焼きの基準時0における価格は材料ごとの単価$_0$×使用料$_0$の合計ですから次の式のように計算されます．ここで下付き添字の0は基準時0における値であることを示しています．また以下の算式において下付添字1は比較時1における値を示します．

(1) 基準時0のすき焼きの価格

= (肉の単価$_0$×使用数量$_0$) + (野菜の単価$_0$×使用数量$_0$) + (豆腐の単価$_0$×使用数量$_0$)

= $(400 \times 1) + (300 \times 2) + (200 \times 3)$

= 1600 円

他方で比較時においては価格上昇に合わせて材料使用量も表のように変化するので，比較時に実際に作られるすき焼きの価格は次の式で表されます．

(2) 比較時1の実際のすき焼きの価格

= (肉の単価$_1$×使用数量$_1$) + (野菜の単価$_1$×使用数量$_1$) + (豆腐の単価$_1$×使用数量$_1$)

= $(600 \times 0.5) + (400 \times 1.5) + (300 \times 4)$

= 2100 円

しかし，すき焼きの値段が何倍になったかを表す指数として (1) と (2) を比較することは適切ではありません．なぜならば (1) から (2) への変化の中には価格の変化と数量の変化が含まれているので，純粋な価格の変動を表していないからです．同じ内容のすき焼きを比較しなければ物価の上昇を測定したことになりません．純粋に価格変動の効果だけを見るために数量を基準時に統一して比較すると次のようになります．

(3) 　基準時 0 と同じ内容のすき焼きを比較時点 1 の価格で作ったときのすき焼きの価格
$= $(肉の単価$_1$×使用数量$_0$)+(野菜の単価$_1$×使用数量$_0$)+(豆腐の単価$_1$×使用数量$_0$)
$= (600 \times 1) + (400 \times 2) + (300 \times 3)$
$= 2300$ 円

内容をそろえる方法として，現在，内閣府から発表される消費者物価指数の考え方に立てば，基準時点 0 の内容にそろえて比較する，すなわち (1) に対する (3) の比率 ×100 という式で計算されています．したがって

$$\text{すき焼きの物価指数} = \frac{2300}{1600} \times 100 = 143.7$$

となります．これは基準時点 0 で作ったすき焼きと同じすき焼きを比較時点 1 で作ったとして，すき焼きの値段が 1.437 倍になったことを示しています．

すき焼きの例を一般化して，すき焼きを平均的消費者の典型的な消費パターンに置き換えて考えてみましょう．平均的消費者はこの典型的な消費パターン (商品の組み合わせ) を購入して生活するのですから，この消費パターンは平均的消費者の生活水準を表していると考えられます．そうすると前頁の (1) と (3) の意味は次のように変わります．
(1′) 基準時の平均的生活水準を基準時の価格で購入するのに必要な総消費支出
(3′) 基準時の平均的生活水準を比較時の価格で購入するのに必要な総消費支出
ここで (1′) に対する (3′) の比率は平均的消費者の典型的消費パターンの物価指数を表します．このような考え方に基づく消費者物価指数をラスパイレス型物価指数といいます．すなわち

ラスパイレス型消費者物価指数
$$= \frac{\text{基準時の平均的生活水準を比較時の価格で購入するのに必要な総消費支出}}{\text{基準時の平均的生活水準を基準時の価格で購入するのに必要な総消費支出}} \times 100$$

例題 1 表 1.8 の比較時 2 におけるすき焼きの物価指数はいくらになりますか?
[解答] 基準時 0 と同じ内容のすき焼きを比較時点 2 の価格で作ったときのすき焼きの価格は

$$(肉の単価_2 \times 使用数量_0) + (野菜の単価_2 \times 使用数量_0) + (豆腐の単価_2 \times 使用数量_0)$$
$$= (800 \times 1) + (600 \times 2) + (500 \times 3)$$
$$= 3500 \text{ 円}$$

となります．ここに下付き添字 2 は比較時 2 における値であることを示しています．したがって，比較時 2 における物価指数は

$$すき焼きの物価指数 = \frac{3500}{1600} \times 100 = 218.8$$

となります．この結果から比較時点 2 のすき焼きの物価指数は基準時に比べて 2.18 倍になったといえます．

ここでもう一度すき焼きの例に戻って物価指数を別な観点から考えてみます．すき焼きに含まれる 3 品目の価格の基準時 0 から比較時 1 にかけての上昇倍率は

$$肉の価格上昇倍率 = \frac{600}{400}, 野菜の価格上昇倍率 = \frac{400}{300}, 豆腐の価格上昇倍率 = \frac{300}{200}$$

です．物価指数とは，この 3 つの価格上昇倍率の平均と考えられます．これらの価格上昇倍率の平均を計算する場合に，物価指数では商品の重要度を反映させるために加重平均が用いられます．加重 (ウェイト) としては基準時の総支出金額 (すき焼きの材料費の合計) に対する個別品目の支出金額 (個別材料の材料費) の比が用いられます．3 つの商品の基準時におけるウェイトは次のようになります．

$$肉のウェイト = \frac{400 \times 1}{1600} = \frac{400}{1600}$$
$$野菜のウェイト = \frac{300 \times 2}{1600} = \frac{600}{1600}$$
$$豆腐のウェイト = \frac{200 \times 3}{1600} = \frac{600}{1600}$$

これらのウェイトを使って 3 つの商品の価格比の加重平均を計算すると以下のようになります．

$$\frac{\frac{600}{400} \times \frac{400 \times 1}{1600} + \frac{400}{300} \times \frac{300 \times 2}{1600} + \frac{300}{200} \times \frac{200 \times 3}{1600}}{\frac{400 \times 1}{1600} + \frac{300 \times 2}{1600} + \frac{200 \times 3}{1600}}$$

このような加重平均を，基準時金額加重平均といいます．この式に現れる分数を通分し整理して 100 倍すると，

$$上式 \times 100 = \frac{600 \times 1 + 400 \times 2 + 300 \times 3}{400 \times 1 + 300 \times 2 + 200 \times 3} \times 100$$
$$= 143.7$$

となります．この式の分母は上で見た (1) に，分子は (3) に等しいことから，ラスパイレス物価指数は個別品目価格比の基準時金額加重平均 $\times 100$ に等しいことが分かります．

練習問題

[1] 下記の表のような観測値が得られたときに以下の問いに答えなさい．

| x | 9 | 7 | 5 | 14 | 15 | 12 | 6 | 10 | 15 | 21 |

① x の標本平均を計算しなさい．
② x の標本標準偏差を計算しなさい．
③ x について標本の歪度を計算しなさい．
④ x について標本の尖度を計算しなさい．

[2] 表 1.2 の度数分布表から，平均と分散を計算しなさい．

[3] 所得分布や体重の分布以外に非対称な分布を見つけなさい．

[4] 14～15 頁の架空の模擬試験で，ある生徒の国語の点数は 70 点，数学の点数は 50 点だとした場合，この生徒は国語と数学のどちらがよくできたといえますか？

[5] 東証株価指数，日経平均はどのように計算された平均なのか調べなさい．

[6] (パーシェ物価指数)

パーシェ物価指数という指数があります．この指数は比較時の数量を基準時の価格で評価した金額と比較時の数量を比較時の価格で評価した金額の比を 100 倍したのもとして定義されます．表 1.8 の数値例を使ってすき焼きの物価指数をパーシェ物価指数で表せば，次のようになります．

(1)　比較時のすき焼きの内容を比較時の価格で評価したときの価格

$= $ 比較時の肉の数量 (0.5) × 比較時の肉の単価 (600)

　$+$ 比較時の野菜の数量 (1.5) × 比較時の野菜の単価 (400)

　$+$ 比較時の豆腐の数量 (4) × 比較時の豆腐の単価 (300)

$= 300 + 600 + 1200 = 2100$

(2)　比較時のすき焼きの内容を基準時の価格で評価したときの価格

$= $ 比較時の肉の数量 (0.5) × 基準時の肉の単価 (400)

　$+$ 比較時の野菜の数量 (1.5) × 基準時の野菜の単価 (300)

　$+$ 比較時の豆腐の数量 (4) × 基準時の豆腐の単価 (200)

$= 200 + 450 + 800 = 1450$

パーシェ物価指数

$= \dfrac{\text{比較時のすき焼きの内容を比較時の価格で評価したときの価格}}{\text{比較時のすき焼きの内容を基準時の価格で評価したときの価格}} \times 100$

$= \dfrac{2100}{1450} \times 100 = 144.8$

となります．

では，表 1.8 の数値を使って比較時 2 におけるすき焼きのパーシェ物価指数はいくらになるか計算しなさい．また本文で述べたラスパイレス物価指数の解釈にならってパーシェ物価指数の解釈を考えなさい．

[7] (平均時速)

本文中の平均時速の問題を次のように少し変えたとき，平均時速はいくらになりますか．ドライブに出かけたとき，最初に市街地を時速 40 km で 30 km 走行し，次に高速道路を時速 80 km で 100 km 走行し，最後の 20 km を時速 40 km で走行しました．平均時速はいくらですか．

[8] (3 種類の平均の大小関係)

2 つの正の数 x と y の算術平均，幾何平均，調和平均はそれぞれ

$$\text{算術平均} = \frac{x+y}{2}, \quad \text{幾何平均} = \sqrt{xy}, \quad \text{調和平均} = \frac{2}{\frac{1}{x}+\frac{1}{y}}$$

と表されます．このとき $x \neq y$ であれば 算術平均 > 幾何平均 > 調和平均 となることを証明しなさい (ヒント：2 乗しても大小関係は変わらないことを利用しなさい).

2 確率

2.1 事象と確率
2.2 確率変数・確率分布

2.1 事象と確率[*1)]

確率論の起源は17世紀に遡ることができます．シュバリエ・ド・メレというギャンブル好きの貴族が，哲学者であり数学者でもあったパスカルに次のような質問をしたことが確率論の始まりだといわれています．

「AとBの2人が，先に3回勝ったほうが勝ちとする賭けを行いました．ただし1回ごとの勝ち負けの割合は5分5分です．そしてAが2回，Bが1回勝ったところで，何らかの理由で賭けを中止することになりました．このときAとBに掛け金をいくらづつ返還すれば公平でしょうか．」
この質問に答えるためにパスカルは数学者フェルマーと手紙でやりとりしながら考えました(参考文献2参照)．今では，この問題は本書で扱う初等的な確率の知識で解決できます．

この問題を考える前に確率に関する基本用語を説明しておきましょう．確率とはある不確かな出来事が起こる確からしさを0と1の間の数値で表す尺度のことです．例えばサイコロを振ったとき，1から6までの目が出ますが，どの目が出るかは事前に確実には予測できません．しかし1の目が出る確からしさ(確率)はどのくらいかと問われれば，確率論を知らない人でも，直感的にその確率は1/6と答えるでしょう．このようにサイコロを振るというような直感的な例では，確率は分かりやすいのですが，少し複雑な現象に対して確率を定めようとすると，確率とは何かという問いに正確に答えることは必ずしも容易ではありません．確率的な現象の数学的側面を理論的に体系化

[*1)] 確率に関する平易な参考書は多数ありますが，ここでは『「偶然」にひそむ数学法則　確率に強くなる』(Newton別冊，ニュートンプレス，2010年)をおすすめします．本章の説明もこの本を参考にしています．

したものを確率論といいます．本格的な確率論は本書のレベルを超えるので深入りしませんが，この章では統計学を学ぶために必要最小限の基礎知識をコインやサイコロを使うゲームを例にとって説明します．

▷ 確率の概念

サイコロやコイン投げのように結果が偶然に左右されるような行動を確率論では試行といいます．また試行したとき起こりうる結果のことを **事象** といいます．サイコロの1の目が出るというのも事象ですし，偶数が出るというのも事象です．ある1つの目，例えば1の目が出るという事象はそれ以上に分解できません．このような事象を **根元事象**，**基本事象**，**標本点** などといいます．これに対して偶数の目が出るという事象は 2,4,6 の3つの根元事象のいずれかが起きるという事象です．すなわち偶数が出るという事象は3つの根元事象を含んでいます．起こりうるすべての根元事象を含む集合を標本空間といいます．以下では標本空間をギリシャ文字の Ω (オメガ) という記号で表すことにします．例えばサイコロ投げの標本空間は $\Omega = \{1, 2, 3, 4, 5, 6\}$ のように表現します．より簡単な例を挙げればコインを投げたときの標本空間は $\Omega = \{表, 裏\}$ と書くことができます．標本空間と根元事象との関係は次の図 2.1 のように，また根元事象と事象の関係は図 2.2 のように表されます．またいくつかの事象を扱う際にそれぞれの事象を $A, B, C, \cdots$ のように

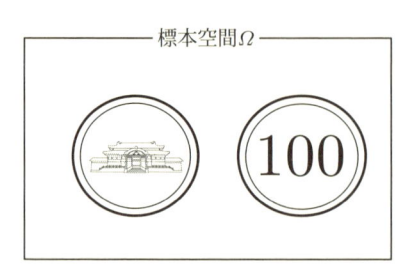

(1) コイン投げの標本空間

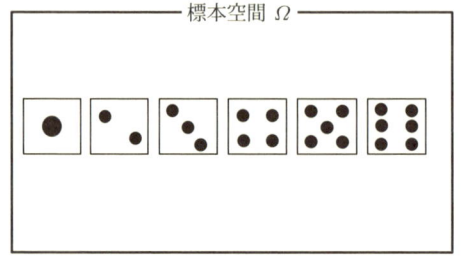

(2) サイコロ投げの標本空間

図 2.1　標本空間の例

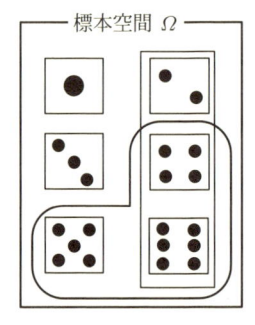

図 2.2　標本空間，根元事象，事象

記号で表すことにします．例えばサイコロを振ったとき，偶数が出るという事象を A とすれば，$A = \{2, 4, 6\}$，4以上の目が出るという事象を B とすれば，$B = \{4, 5, 6\}$，奇数が出るという事象を C とすれば，$C = \{1, 3, 5\}$ のように書くことにします．サイコロを振ったとき，偶数であるかまたは4以上の目が出るという事象は A または B が起こるという事象です．このような事象を**和事象**といい

$$A \cup B = \{2, 4, 5, 6\}$$

という記号で表し"A または B"と読みます．また偶数でありかつ4以上の目が出るという事象は A かつ B が起こるという事象です．このような事象を**積事象**といい

$$A \cap B = \{4, 6\} \tag{2.1}$$

という記号で表し"A かつ B"と読みます．A ではないという事象を A の**余事象**といい $\bar{A}$ という記号で表します．これらの事象の関係は図2.3のように表されます．また事象 A と C は同時には起こりえません．このような場合 A と C は互いに**排反**であるといいます（図2.4参照）．また偶数でありかつ奇数であるという事象は起こりえません．何も起こらないという事象を**空事象**といい，$\emptyset$ という記号で表します．この記号を使えば

$$A \cap C = \{\emptyset\} \tag{2.2}$$

と表されます．また標本空間はすべての事象を含むので**全事象**ともいいます．

次に以上の用語を使って確率について説明していきます．上で述べたように，確率とはある事象が起こる確からしさを0と1の間の数値で表したものです．その数値をどのように決めるかについては後で説明しますが，どのように決めるにしろ確率は次のような性質を満たすように定める必要があります．すなわち，ある事象の確率の値は，その事象が起こりやすいほど1に近い値が付与され，起こりやすさが低いほど0に近い値が付与されます．そして確実に起こる事象の確率は1，起こりえない事象の確率は0とします．事象 A が起こる確率を $P(A)$ という記号で表します．例えばサイコロを振ったとき偶数の目が出るという事象を A とすれば

$$P(A) = 0.5$$

のように書きます．これを"事象 A の起こる確率は0.5"と読みます．

では確率の値はどのように定めればよいのでしょうか．すぐ上の例では当

(1) 和事象 $A \cup B$

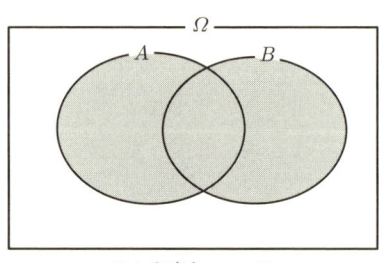

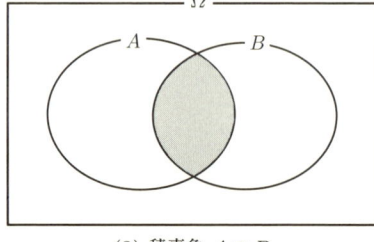

(2) 積事象 $A \cap B$

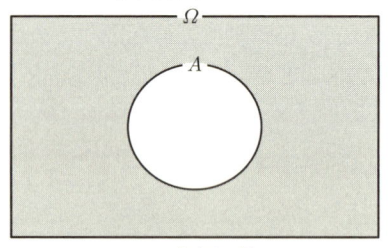

(3) 余事象 $\bar{A}$

図 2.3 標本空間と事象

然のように $P(A) = 0.5$ としましたが，本当は $P(A) = 0.5001$ かも知れないし，$P(A) = 0.49995$ かもしれません．しかし誰しも正常なサイコロでは，偶数が出る確率は 0.5 であるという直感を持っています．このように直感的に決められた確率を**直感的確率**といいます．一方，降水確率のような確率は，過去の同じような天気図で雨の降った割合を確率として使用しています．このような確率を**経験的確率**といいます．サイコロ投げの場合でも，本当に偶数が出る確率が 0.5 であることが疑わしい場合は何回もサイコロを振り，そのうち偶数の出た比率を確率として使うことも考えられます．この場合のように過去の実験や経験においてその事象が起こった比率を確率として用いるのが経験的確率です．どちらの確率を使うべきかについての決まりはありません．どのような確率を使うかは自由ですが，確率論では理論的な整合性を

保つために次の3つのルールに従わなければならないと約束しておきます.

> ● 確率の満たすべき3つの条件 ●
> 1) 確率の値は0と1の間の値をとる. すなわち, $0 \leq P(A) \leq 1$
> 2) $P(標本空間\Omega) = 1$, $P(空事象) = 0$
> 3) A と B が排反ならば A または B が起こる確率は $P(A \cup B) = P(A) + P(B)$

ここで2)について注釈を加えておきましょう. 標本空間の確率が1すなわち $P(標本空間\Omega) = 1$ とは, 起こりうる結果の全体(すなわち標本空間 Ω)の中のいずれかの事象が起こる確率が1という意味です. 例えば, コイン投げでは起こりうる結果は, 表と裏の2つの事象です. 起こりうる結果のどれかが起こる確率とは, 表または裏が出る確率です. 必ずどちらかが起こりますから, その確率の値は1です. これら3つの条件を満たせば, 確率の値を付与する方法が経験的であろうが直感的であろうが問わないという立場に立つ確率を数学的確率(または公理的確率)といいます. 確率の例としてもう少しサイコロ投げを使って説明を続けます. 事象 A に含まれる根元事象(標本点)の数を $\#A$ という記号で表すことにします. 例えばサイコロの全事象 Ω に含まれる根元事象(標本点)は $\{1,2,3,4,5,6\}$ の6個ですから $\#\Omega = 6$ となります. 事象 A を偶数とすれば $A = \{2,4,6\}$ ですから $\#A = 3$ です.

さて歪みのない(特定の目が出やすいなどの偏りのない)サイコロを振ったときの事象 $A = \{2,4,6\}$ の確率を次のように定めることにしましょう.

$$P(A) = \frac{事象 A に含まれる標本点の数}{全事象の標本点の数} = \frac{\#A}{\#\Omega} = \frac{3}{6} = \frac{1}{2}$$

これは見方を変えれば"歪みのないサイコロ"の定義を述べたものといっていいでしょう. このように定められた確率は, 上の3つの条件を満たしています. この方法でサイコロの確率の計算例を続けましょう. このとき事象 $A \cup B = \{2,4,5,6\}$ (すなわち偶数であるかまたは4以上)の確率を上の式に従って計算すれば

$$P(A \cup B) = \frac{事象 A \cup B に含まれる標本点の数}{全事象の標本点の数} = \frac{4}{6} = \frac{2}{3}$$

となります. また偶数でありかつ4以上である事象 $A \cap B = \{4,6\}$ の確率を上の式に従って計算すれば

$$P(A \cap B) = \frac{事象 A \cap B に含まれる標本点の数}{全事象の標本点の数} = \frac{2}{6} = \frac{1}{3} \qquad (2.3)$$

となります．また事象 $A \cap C$ は偶数でありかつ奇数という事象ですから空事象です．したがってその確率は $P(A \cap C) = 0$ となります．以上の例を図示すると次のようになります．

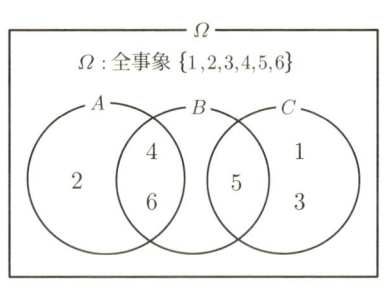

図 2.4

以上の結果をまとめると次のようになります．

$$A = \{\text{偶数}: 2, 4, 6\}, \quad P(A) = \frac{3}{6} = \frac{1}{2}$$

$$B = \{4\text{ 以上}: 4, 5, 6\}, \quad P(B) = \frac{3}{6} = \frac{1}{2}$$

$$A \cup B = \{2, 4, 5, 6\}, \quad P(A \cup B) = \frac{4}{6} = \frac{2}{3}$$

$$A \cap B = \{4, 6\}, \quad P(A \cap B) = \frac{2}{6} = \frac{1}{3}$$

ここで $P(A \cup B)$ は次のように表現できることに着目しましょう．

$$P(A \cup B) = P(A) + P(B) - P(A \cap B) \tag{2.4}$$

上の数値例を両辺に代入すると左辺は前に見たように，$\frac{2}{3}$，右辺の3つの項は $\frac{3}{6} + \frac{3}{6} - \frac{2}{6} = \frac{2}{3}$ となります．したがってこの例では (2.4) 式が成立しています．さらに一般的にはこの式は次のように理解されます．事象 $A \cup B$ と $A \cap B$ は図 2.5 のように表されることから，左辺の $P(A \cup B)$ は 2,4,5,6 のどれかの目が出る確率を表しています．他方 $P(A)$ は 2,4,6 のどれかの目が出る確率を表し，$P(B)$ は 4,5,6 のどれかが出る確率を表しています．したがって $P(A) + P(B)$ は 4,6 のどちらかが出る確率が 2 重に計算されています．この重複部分の確率は $P(A \cap B)$ と書けます．したがって 2,4,5,6 のどれかが出る確率は $P(A) + P(B)$ から重複部分の確率 $P(A \cap B)$ を引いたものになります．すなわち (2.4) 式が成立します．

図 2.5 　$A \cap B$

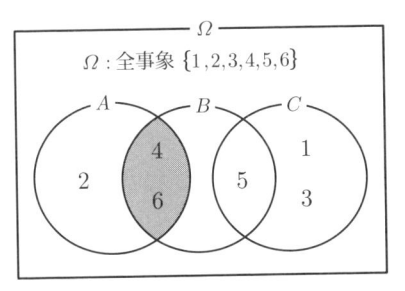

▷ 条件付き確率

ここでもう少し複雑な例を考えてみましょう．いま白と黒の 2 つのサイコロを同時に振ったとしましょう．そのとき，2 つのサイコロの目のすべての組み合わせは図 2.6 のようになります．これら 36 通りのすべてのペアが標本空間 (全事象) であり，根元事象 (標本点) は (1,1),(1,2),⋯ などの個々の組み合わせです．いろいろな事象の確率の計算は図 2.6 から容易に計算されます．次の 2 つの例を図 2.6 を使って考えてみましょう．

図 2.6 　2 つのサイコロを投げたときの標本空間

例 2.1 白のサイコロの目が 2 である確率 $= \frac{6}{36} = \frac{1}{6}$．

例 2.2 白と黒の目の合計が 4 という条件のもとで白の目が 2 である確率は $\frac{1}{3}$ (図 2.6 で確認してください)．

例2.2のように，ある条件 B のもとで事象 A が起こる確率を A の条件付き確率といい $P(A|B)$ と書き表します．例2.2の場合は

$$P(白の目が2 \mid 2つのサイコロの目の合計が4) = \frac{1}{3}$$

となります．図から明らかなように，条件付き確率は次のように書き換えることができます．

$$P(白の目が2 \mid 2つのサイコロの目の合計が4)$$
$$= \frac{白の目が2, かつ2つのサイコロの目の合計が4になる確率}{2つのサイコロの目の合計が4になる確率} \quad (2.5)$$
$$= \frac{1/36}{3/36} = \frac{1}{3}$$

(2.5) 式をこれまでに導入した記号で書けば

$$P(A|B) = \frac{P(A \cap B)}{P(B)} \quad (2.6)$$

となります．このときもし条件 B が A の起こる確率にまったく影響しない場合は A が起こる確率は

$$P(A|B) = P(A) \quad (2.7)$$

となりますから，(2.7) 式を (2.6) 式に代入して整理すれば

$$P(A \cap B) = P(A)P(B)$$

が得られます．この関係式が成り立つとき，事象 A と B は独立であるといいます．この式は事象 A と B が独立であれば事象 $A \cap B$ が起こる確率は事象 A が起こる確率と事象 B が起こる確率をかけたものに等しいことを表しています．例えば，白と黒の2つサイコロを投げたとき，事象 A と B を $A = \{$白の目が2$\}$，$B = \{$黒の目が3$\}$ と表すことにすれば，(2.7) 式の左辺は，黒の目が3という条件のもとで，白の目が2である確率を表しています．その確率は図 2.6 から明らかなように $\frac{1}{6}$ です．(2.7) 式の右辺は，白の目が2である確率ですから $\frac{1}{6}$ になります．したがって確かに (2.7) 式は成立しています．また，白のサイコロの目が2で，かつ，黒のサイコロの目が3である確率は $\frac{1}{36}$ になります（図 2.6 で確認してください）．一般に事象 $A, B, C, \cdots, K$ が独立であれば

$$P(A \cap B \cap C \cap \cdots \cap K) = P(A)P(B)P(C) \cdots P(K)$$

が成り立ちます．

条件付き確率の例をもう1つ上げてみましょう．

例 2.3 白いサイコロの目が 3 であるという事象を B (図 2.6 の楕円で囲まれた場所), 2 つのサイコロの目の合計が 7 以上になるという事象を A (図 2.6 の影のついた場所) とします. このとき事象 B が起こったという条件のもとで事象 A が起きる条件付確率 $P(A|B)$ は上の公式を応用すれば次のように計算されます.

$$P(B) = \frac{6}{36}$$

$$P(A \cap B) = \frac{3}{36}$$

$$P(A|B) = \frac{P(A \cap B)}{P(B)} = \frac{3/36}{6/36} = \frac{3}{6}$$

ここまで説明した基礎知識を使って, 冒頭に示した賭けに関するパスカルとフェルマーの問題を考えてみましょう. 本章冒頭の問題説明で「1 回ごとの勝ち負けの割合は 5 分 5 分です」と表現しましたが, これは「1 回ごとの勝つ確率は 0.5」と言い換えることができます. 図 2.7 を参考にしながら読み進んでください. 賭けをした 2 人を A, B とします. ○は A の勝ちを, ●は B の勝ちを表すものとして, 第 3 戦までの結果とその後の勝敗の可能性を図に表すと図 2.7 のようになります. A が 2 勝 1 敗になったとき賭けが中断されましたが, もし勝負が決まるまで賭けを続けたとしたらすでに A は 2 勝していますから A のほうが有利な立場に立っていますので, ここで賭けを中断したら A に多くに配分することは当然です. したがって A と B の有利さの程度に応じて配分すればよいということになります. 有利さの程度をどのようにして見積もるかを考える過程で, パスカルは確率という概念に至ったのではないかと考えられます. どちらかが 3 回勝つまで賭けを続けたとき A, B それぞれの勝つ確率はどれくらいだったでしょうか. もしその確率が分か

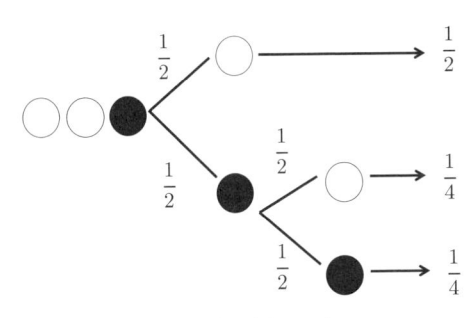

図 2.7 3 勝 2 敗で勝負がつくパターン

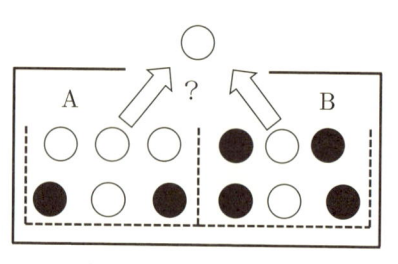

図 2.8　この白い球は A，B のどちらから選ばれたか

ればそれの大きさに応じて掛け金を分配するのが公平だと考えられます．勝負がつくまで賭けを続けた場合の結果は次の 3 通りあります．

(1) 4 回目に A が勝ち 3 勝 1 敗で A が勝つ場合
(2) 4 回目に B が勝ち 5 回目に A が勝って 3 勝 2 敗で A が勝つ場合
(3) 4 回目，5 回目ともに B が連勝して B が 3 勝 2 敗で勝つ場合

A が (1) のパターンで勝つ確率は 1/2，また A が (2) のパターンで勝つ確率は $1/2 \times 1/2 = 1/4$ です．(1) と (2) は排反事象ですから，A が勝つ確率はこの 2 つの確率を加えた $1/2 + 1/4 = 3/4$ となります．一方，B が勝つパターンは (3) の場合しかありませんからその確率は $1/2 \times 1/2 = 1/4$ となります．すなわち賭けを続けたとしたら A が勝つ確率は 3/4，B が勝つ確率は 1/4，したがって 2 人の掛け金を 3 : 1 の比率で分ければよい．これがパスカルとフェルマーの解答です．

▷ ベイズの定理

上で説明した条件付き確率

$$P(A|B) = \frac{P(A \cap B)}{P(B)} \tag{2.8}$$

について次のような問題を考えてみましょう．いま A，B，2 つの箱があり，A の箱の中には白い玉 4 個と黒い玉 2 個が，B の箱には黒い玉 4 個と白い玉 2 個が入っています（図 2.8）．玉を取り出すとき箱 A が選ばれる確率も箱 B が選ばれる確率も 0.5 であるとします．いま A，B どちらの箱から取り出されたか分かりませんが，取り出された玉が白色であることが分かっているとします．その玉が箱 A から取り出された確率はいくらでしょうか．この問題は取り出された玉が白であるという条件の下でその玉が箱 A から取り出された確率はいくらかという問題ですから，条件付き確率の公式から

$$\text{求めたい確率} = P(\text{A}|\text{白}) = \frac{P(\text{A} \cap \text{白})}{P(\text{白})} \tag{2.9}$$

と表すことができます．(2.9) 式の分母は白い玉が取り出される確率ですから

$$
\begin{aligned}
P(白) &= P(箱Aが選ばれたとき白が出る) + P(箱Bが選ばれたとき白が出る) \\
&= P(箱\,A\,が選ばれる) \times P(箱\,A\,から白が選ばれる) \\
&\quad + P(箱\,B\,が選ばれる) \times P(箱\,B\,から白が選ばれる) \\
&= \frac{1}{2} \times \frac{4}{6} + \frac{1}{2} \times \frac{2}{6} = \frac{1}{2}
\end{aligned}
$$

となります．また (2.9) 式の分子は箱 A が選ばれ，その中から白い玉が取り出される確率ですから

$$P(A \cap 白) = \frac{1}{2} \times \frac{4}{6} = \frac{1}{3}$$

と書けます．したがって (2.9) 式より

$$P(A|\,白) = \frac{1/3}{1/2} = \frac{2}{3}$$

となります．ここまでの計算は条件付き確率の公式を形式的に当てはめたにすぎませんが，この結果には重要な意味が含まれています．すなわちこの結果は，何も情報が与えられていない状況では箱 A が選ばれる確率は 1/2 (これを**事前確率**といいます) ですが，選ばれた玉が白であるという情報が追加されると，箱 A が選ばれていた確率は 2/3 に修正されるということを意味しています．追加情報を考慮して計算された確率を**事後確率**といいます．

条件付き確率の公式を変形すると

$$
\begin{aligned}
P(A|B) &= \frac{P(A \cap B)}{P(B)} = \frac{P(A \cap B)}{P(A \cap B) + P(\bar{A} \cap B)} \\
&= \frac{P(B|A)P(A)}{P(B|A)P(A) + P(B|\bar{A})P(\bar{A})}
\end{aligned}
$$

となります．ここに $\bar{A}$ は A の余事象 (A ではないという事象) を表します．この式は単なる条件付き確率の公式を変形したものにすぎませんが，情報が追加されることによって事前確率が事後確率に修正される過程を示しているという意味で重要な公式です．この式を発案者の名前にちなんで**ベイズの公式**，あるいは**ベイズの定理**といいます．

近年インターネットの普及にともないネット上で時々刻々蓄積される膨大な情報を事前情報として有効に利用しようとする志向が高まり，ベイズの定理の応用範囲が拡大しています．その結果，意外なところでベイズの定理が応用されています．例えば，迷惑メールの検出にこのベイズの定理が利用されています．簡単な例を使ってその仕組みを説明しましょう．

例 2.4 メールの件名に「大特価セール」という単語が入っていたとします．このメールが迷惑メールか本当の大特価セールのメールなのかを知りたい状況だと思ってください．いま受けとったメールが迷惑メールであるという事象を A，受けとったメールの件名に「大特価セール」という単語が入っている事象を B としましょう．ここで求めたい確率は件名に「大特価セール」と入ったメールを受けとった (事象 B) という情報が与えられたときに，それが迷惑メールである (事象 A) の確率です．求めたい確率はベイズの公式より以下の式のようになります．

$$P(A|B) = \frac{P(B|A)P(A)}{P(B|A)P(A) + P(B|\bar{A})P(\bar{A})}$$

総務省の最近の調査 (2012 年 8 月時点) によると全受信メールにおける迷惑メールの割合は実に 70%という驚くほど高い結果が報告されています．さてここで過去に受けとったメールから通常のメールには 1%の割合で，迷惑メールには 5%の割合で件名に「大特価セール」という単語が含まれていたことが分かっているとしましょう．このような状況を表にまとめると表 2.1 のようになります．

表 2.1 ベイズの定理による迷惑メール検出の例

	A：迷惑メール内での確率	$\bar{A}$：通常メール内での確率
B：「大特価セール」が入っている	0.05	0.01
$\bar{B}$：「大特価セール」が入っていない	0.95	0.99
計	1	1

この表の数値をベイズの公式に当てはめると

$$P(A|B) = \frac{0.05 \times 0.7}{0.05 \times 0.7 + 0.01 \times 0.3} = 0.921$$

となります．すなわちこの例では，件名に「大特価セール」という単語が含まれている場合にそれが迷惑メールである確率は 0.921 ということになります．迷惑メールの割合が 0.7 という事前確率が，件名に「大特価セール」という追加情報が加わったことで，事後確率が 0.921 に修正されたことを示しています．受けとったメールを迷惑メールとして隔離するための基準を事後確率が 0.9 以上とすれば，件名に「大特価セール」という文字が使われているメールは，迷惑メールとして隔離されることになります．ここでは説明を分かりやすくするために，一語だけで迷惑メールを検出する例を示しましたが，実際には迷惑メールで使われる頻度の高い言葉からなるグループを作成

し，ある言葉がそのグループに含まれているという情報を B，含まれていないという情報を $\bar{B}$ とするなどの様々な工夫がなされています．インターネット上では日々，膨大な事前情報が蓄積されますから事後確率は常に修正され精度が高められていきます．最近，迷惑メール検出ソフトの精度が向上していると感じている読者は少なくないと思いますが，その背景には情報の蓄積とベイズの定理の応用があるのです．

2.2　確率変数・確率分布

　この節では，確率・統計において最も重要な確率変数と確率分布の概念を簡単な例を交えて説明します．前節で見たようにサイコロを投げたときに 1 から 6 までの変数のどの値が出るかは偶然に決まります．このように偶然に左右されて値が決まる変数を確率変数といいます．サイコロの目の場合はとる値が 1 から 6 までの整数値 (飛び飛びの値) しかありません．このような変数を離散的な変数といいます．そして，それぞれの離散的な値が出現する確率が付与されているとき，それを**離散的確率変数**といいます．とる値とそれに対応する確率との関係を表す式を確率分布といいます．確率変数が連続的に変化する場合は**連続型確率変数**といいます．例えば水平に置いた時計の文字盤で針をなめらかに回転させ，針が止まったときにさす時刻を x としましょう．x は 0 時～12 時の間を連続的に変化します．このとき，x がある範囲に入る確率を考えてみましょう．例えば x が 3 時～4 時の間に止まる確率は直感的に 1/12 なると考えられます．なぜならば 3 時～4 時の 1 時間は全体の時間の 1/12 であり，どの時間帯にも同様に止まる可能性があるからです．この例のように，x がある一定の幅に入る確率が等しいような分布を一様分布といいます (第 3 章の補論 3.1 を参照してください)．以下では確率変数と確率分布の概念を離散的確率変数を中心に説明します．

▷ **2 項 分 布**

　コイン投げのように結果が 2 通りしかない試行をベルヌーイ試行といいます．今後これら 2 つの結果を成功と失敗と呼ぶことがあります．

　ある試行を独立に繰り返し行うことを独立試行といいます．ここで成功の確率が p であるようなベルヌーイ試行を独立に n 回繰り返したとき x 回成功する確率を次の具体例を使って説明しましょう．

例 2.5 コイン投げで表が出る確率を 0.5 とします (このとき当然裏が出る確率も 0.5). コインを独立に 3 回投げたとき表が出る回数 (成功の回数) を x とすると,x のとる値は 0,1,2,3 です. 説明の便宜上,表が出るという事象を ○,裏が出るという事象を ● で表すことにしましょう. そうすると $x = 0$ は 3 回続けて裏が出るという事象ですから (●,●,●) と表されます. この事象の確率を求めてみましょう. 裏が出る確率は 0.5 ですから,前節の独立事象の確率より,裏が 3 回続けて起こる確率は $0.5 \times 0.5 \times 0.5 = 0.125$ となります. 次に $x = 1$ すなわち 3 回のうち 1 回表が出る場合を考えてみましょう. $x = 1$ が起こるのは次の 3 つの場合があります:(○,●,●),(●,○,●),(●,●,○). これらの 3 つの事象の確率はそれぞれ次のように計算されます.

1) (○,●,●) が起こる確率は,表が出る確率 × 裏が出る確率 × 裏が出る確率ですから $0.5 \times 0.5 \times 0.5 = 0.125$
2) (●,○,●) が起こる確率は,裏が出る確率 × 表が出る確率 × 裏が出る確率ですから $0.5 \times 0.5 \times 0.5 = 0.125$
3) (●,●,○) が起こる確率は,裏が出る確率 × 裏が出る確率 × 表が出る確率ですから $0.5 \times 0.5 \times 0.5 = 0.125$

これら 3 つの場合のどれが起こっても $x = 1$ となります. ところで,この 3 つの事象は同時には起こりえない排反事象ですから {(○,●,●) または (●,○,●) または (●,●,○)} が起こる確率は (確率の第 3 条件より) それぞれの確率の合計ですから,$0.125 + 0.125 + 0.125 = 3 \times 0.125 = 0.375$ となります.

この式に出てくる 3×0.125 は表が 1 回出る場合の数 $(= 3) \times 3$ 回中表が 1 回出る確率 $(= 0.125)$ を表しています. このように考えると $x = 2$ の確率は 0.375,$x = 3$ の確率は 0.125 であることが分かります. 以上の結果を表に整理すると表 2.2 のようになります. $x = 0$ と $x = 3$ の確率は等しく,$x = 1$ と $x = 2$ の確率が等しくなるのは ○ と ● が逆になっただけだからです.

表 2.2

x のとる値	0	1	2	3
その確率	0.125	0.375	0.375	0.125

さらにこの例を発展させてコインを 5 回投げたとき,10 回投げたとき,等々も同様に計算できます. しかしコインを投げる回数が多くなるとすべての場

合の数を書き出し，確率を上のような手計算で求めることは不可能に近くなります．このようなときは次に説明する2項分布の公式を使えば簡単に計算することができます．2項分布の公式は次のような考えに基づいています．上の例では，3回のコインを投げたとき，1回だけ表が出る ($x=1$ となる) 確率は $3 \times 0.125 = 0.375$ と計算されました．この式の左辺に出てくる3という数は3回中表が1回出る場合の数を表しています．つまりこの式は

$$\{x = 1 \text{ の確率}\} = \{x = 1 \text{ という結果が起こる場合の数}\} \times \{3 \text{ 回中，表が1回出る確率}\}$$

という形になっています．表が出ることを「成功」ということにしてこのことを一般化すれば，次の式のように表されます．

$$\{x = r \text{ の確率}\} = \{x = r \text{ という結果が起こる場合の数}\} \times \{n \text{ 回中，} r \text{ 回成功する確率}\}$$

となります．ここで $\{n \text{ 回中 } x \text{ 回成功する場合の数}\}$ を表す組み合わせの公式 (数学的補足参照) を使えばこの確率 $p(x)$ は

$$p(x) = \frac{n!}{x!(n-x)!} p^x q^{n-x} \tag{2.10}$$

となります．ここで p は成功する確率，q は失敗する確率です．ここで当然ですが $q = 1-p$ となります．また $n! = n \times (n-1) \times (n-2) \times \cdots \times 2 \times 1$ を表し，$n!$ を「n の階乗」と読みます．ただし $0! = 1$ と定めておきます．(2.10) 式は2項分布の確率を表す公式です．このような確率の値を表す公式を確率関数または確率分布といいます．この公式の導出については数学的補足を参照してください．

数学的補足：順列 (Permutation) と組み合わせ (Combination)
簡単な例を使って順列・組み合わせを説明しましょう．

▶ 順　列

n 個の異なるものの中から r 個取り出して並べる並べ方は何通りあるかという問題を考えてみましょう．並べる順序が異なれば別の並べ方と見なすとき，この並びを順列といいます．

例題1 a,b,c の3文字の並べ方 (順列) は何通りあるでしょうか．
[解答] (a,b,c) (a,c,b) (b,a,c) (b,c,a) (c,a,b) (c,b,a) の6通り．

考え方：3つの異なる文字を置く3つの場所を□□□で表すと，最初の箱には3つの文字のどれかが入ります (3 通りの場合がある)．2 番目の箱には残りの2つの文字のどちらかが入ります (2 通りの場合がある)．最後の箱には残った1つの文字が入ります (1 通りの場合しかない)．このことを図示すると次のようになります．

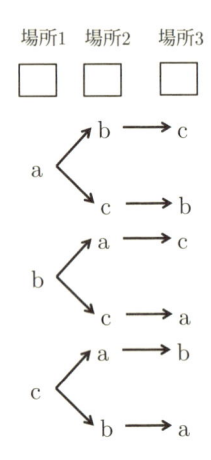

場所1　場所2　場所3
□　　□　　□

```
        b ─→ c
    a <
        c ─→ b

        a ─→ c
    b <
        c ─→ a

        a ─→ b
    c <
        b ─→ a
```

3 通り × 2 通り × 1 通り = 6 通り

この考え方を一般化すると n 個の異なるものを並べる並べ方 (順列) は $n! = n \times (n-1) \times (n-2) \times \cdots \times 2 \times 1$ となります．

例題 2 a,b,c,d の 4 文字の中から 2 文字選んで並べる並べ方 (順列) は何通りあるか．

[解答] 考え方：2 文字を置く場所を□□とする．
　1 番目の□には a,b,c,d 4 文字のどれかが入る (4 通り)
　2 番目の□には残りの 3 文字のどれかが入る (3 通り)
したがって $4 \times 3 = 12$ 通りの並べ方がある．

その 12 通りを書き出せば (a,b), (a,c), (a,d), (b,a), (b,c), (b,d), (c,a), (c,b), (c,d), (d,a), (d,b), (d,c) となります．ところで 4×3 は $\frac{4 \times 3 \times 2 \times 1}{2 \times 1} = \frac{4!}{(4-2)!}$ と書けることに着目してください．このことを一般化すれば，n 個の異なるものの中から r 個を選んで並べる並べ方は $\frac{n!}{(n-r)!}$ 通りあることが分かります．これを Permutation の頭文字をとって $_nP_r$ と書き，n 個の異なるものの中から r 個を選ぶ順列といいます．このとき何通りの順列があるかを表す順列の公式は

$$\text{順列の公式} \quad _nP_r = \frac{n!}{(n-r)!}$$

と表されます．

▶ 組み合わせ

順列では文字を並べる順序を考慮しました．例えば (a,b,c) と (a,c,b) は異なる順列として扱われます．しかしこの 2 つは順序が違うだけで a,b,c の 3 文字が選ばれているという意味では同じなので，組み合わせとしては 1 通りと見なされます．このように組み合わせの数を調べるときは，順序が違っていても含まれる文字の種類が同じであれば，組み合わせとしては 1 つと数えます．例題 2 の 12 通りの 2 文字の順列の中には必ず順序の違うペアがあります．例えば (a,b) と (b,a) は順列としては異なりますが，1 つの組み合わせとして扱われます．

例題 3 a,b,c,d 4 文字の中から 3 文字選ぶときの組み合わせは何通りあるでしょうか．

[解答] まず 4 文字の中から 3 文字取り出す取り出し方は，順列の公式 $\frac{n!}{(n-r)!}$ を使って $\frac{4!}{(4-3)!} = 24$ すなわち 24 通りあります．ここで 24 通りの順列の中のある 3 文字の並び（例えば a,b,c）を考えてみると，順列としては例題 1 で見たように (a,b,c),(a,c,b),(b,a,c),(b,c,a),(c,a,b),(c,b,a) の 6 通りありますが，これらは組み合わせとしては 1 通りです．つまり 1 つの組み合わせが順列では 6 回重複してカウントされています（この 6 という数は $_3P_3 = 3! = 6$ からきています）．順列の数をこの重複回数で割れば組み合わせの数が求まります．したがって，この場合の組み合わせは $\frac{4!}{(4-3)!3!} = 4$ となります．これを一般化すれば組み合わせの数は $\frac{n!}{r!(n-r)!}$ となります．組み合わせの公式は Combination の頭文字をとって

$$_nC_r = \frac{n!}{r!(n-r)!}$$

と表されます．この例題では $n = 4, r = 3$ でしたから

$$_4C_3 = \frac{4!}{3!(4-3)!} = 4$$

となります．すなわち a,b,c,d の 4 文字の中から 3 文字選ぶときの組み合わせの数は 4 通りあります．

以上の数学的補足を使えば，成功の確率を p，失敗の確率を $q(= 1 - p)$ とすれば n 回中 x 回成功する確率は $p^x q^{n-x}$ です．また，n 回の試行のうち x 回成功し，$n - x$ 回失敗する場合の数は $_nC_x$ です．したがってその確率は

$$p(x) = \frac{n!}{x!(n-x)!} p^x q^{n-x} \tquad (2.11)$$

となります．

■ ■ ■ ■ ■ ■ ■ ■ ■ ■

コインを 3 回投げて 1 回表が出る確率は 2 項分布の公式 (2.10) に，$n = 3$,

$x = 1, p = 0.5, q = 0.5$ を代入して

$$p(1) = \frac{3!}{1!(3-1)!} \times 0.5^1 \times 0.5^{(3-1)} = 0.375$$

と計算されます．
この公式を使ってコインを10回投げたとき表が7回出る確率は

$$p(7) = \frac{10!}{7!(10-7)!} \times 0.5^7 \times 0.5^{(10-7)} = 0.117188$$

と計算されます．すべての x について確率を計算した結果は表 2.3 に示されています．この表をグラフに表すと図 2.9 のようになります．

表 2.3 コインを 10 回投げたとき表が x 回出る確率

x	p
0	0.00098
1	0.00977
2	0.04395
3	0.11719
4	0.20508
5	0.24609
6	0.20508
7	0.11719
8	0.04395
9	0.00977
10	0.00098

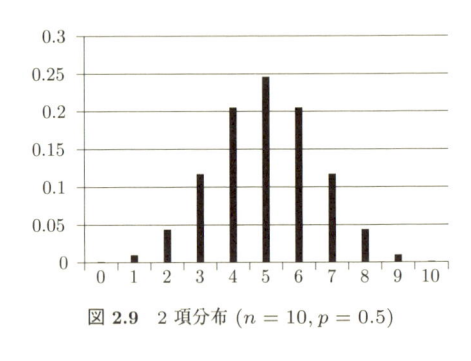

図 2.9 2 項分布 ($n = 10, p = 0.5$)

例 2.6 内閣支持率が 40% であるような有権者から構成される集団があるとします（この集団を母集団といいます）．この母集団からランダムに1人選んだとき，その1人が内閣支持者である確率は 0.4 です．この母集団から5人をランダムに抽出したとき，その中の内閣支持者の数を X としましょう．このとき X のとる値（これを X の実現値といい x で表します）は，0人，1人，2人，3人，4人，5人のいずれかです．X がある実現値 x をとる確率を求めてみましょう．この問題は，成功の確率が p であるような独立試行を n 回繰り返したとき，x 回成功する確率を求める問題ですから $n = 5, p = 0.4$ の2項分布の公式を使って計算することができます．その結果は表 2.4 のようになります．

これをグラフに表せば図 2.10 のようになります．

表 2.4 2項分布 ($n=5, p=0.4$)

人数 (x)	0	1	2	3	4	5
確率 (p)	0.07776	0.15625	0.3456	0.2304	0.0768	0.01024

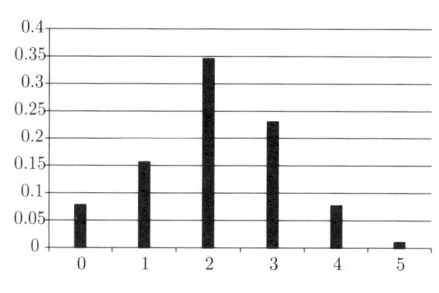

図 2.10 2項分布 ($n=5, p=0.4$)

▷ 確率変数，期待値，分散

上の例 2.6 に現れた変数 X は離散的な値しかとることができません．またそれぞれの離散的な値が出現する確率が表 2.4 のように付与されています．この章のはじめに述べたように，このような変数を離散的確率変数といいます．また上の例で分かるように離散的確率変数 X の値はある範囲に広がっており，広がりの中心的な値 (第 1 章で説明した代表値) の周りに多く出現する傾向があります．このような代表値として最もよく使われるものは平均値です．変数 X は代表値の周りにばらついて出現しています．このようなばらつきを表す尺度として最もよく用いられるのが分散です．平均値という用語は実際に観測されたデータから平均を計算する場合に使われます．これに対して確率分布と関連付けてより一般的に平均値を定義したものを期待値といいます．離散的確率変数 X のとりうる値を $x_1, x_2 \cdots x_n$ とするとき X の期待値と分散はそれぞれ $E(X)$ または μ_X，および $V(X)$ または σ_X^2 という記号で表され，次のように定義されます．

$$\text{期待値 } E(X) = \mu_X = x_1 \times p(x_1) + x_2 \times p(x_2) + \cdots + x_n \times p(x_n)$$

$$\text{分散 } V(X) = \sigma_X^2 = (x_1 - \mu_X)^2 \times p(x_1) + (x_2 - \mu_X)^2 \times p(x_2) + \cdots + (x_n - \mu_X)^2 \times p(x_n)$$

つまり期待値とは確率変数を，その確率で重みづけた加重平均です．また，分散は期待値からの偏差の 2 乗の加重平均です．

例 2.7 表 2.2 から X の期待値と分散を計算すると

$$期待値 = 0 \times 0.125 + 1 \times 0.375 + 2 \times 0.375 + 3 \times 0.125 = 1.5$$
$$分散 = (0-1.5)^2 \times 0.125 + (1-1.5)^2 \times 0.375 + (2-1.5)^2 \times 0.375$$
$$+ (3-1.5)^2 \times 0.125$$
$$= 0.75$$

一般的には，確率 p で起こる事象が n 回の独立試行の中で起こる回数の期待値と分散，すなわち 2 項分布の期待値と分散は

$$期待値 = n \times p, \quad 分散 = n \times p \times q$$

となることが知られています．

例 2.6 を少し変えて，内閣支持率が 0.4 の母集団から 10 人選んだとき，その中の X 人が内閣を支持する確率は 2 項分布より次の表 2.5 のようになります．表 2.5 の x と p の関係を図示すると次の図 2.11 のようになります．

表 2.5 $n=10$, $p=0.4$ の 2 項分布

支持者数 x	確率 p
0	0.00605
1	0.04031
2	0.12093
3	0.21499
4	0.25082
5	0.20066
6	0.11148
7	0.04247
8	0.01062
9	0.00157
10	0.0001

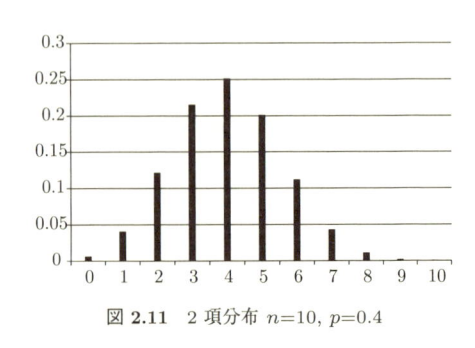

図 2.11 2 項分布 $n=10$, $p=0.4$

▷ ポアソン分布 —稀な現象の分布—

稀にしか起こらない事象が起こる確率分布はポアソン分布と呼ばれる分布がよくあてはまるといわれています．ポアソン分布は次の式で与えられます．

$$P(x) = e^{-m} \frac{m^x}{x!}, \quad x = 0, 1, 2, \ldots$$

ここに x は稀な出来事が単位時間内に起こった回数，m は正の定数でポアソ

ン分布の平均を表します．また e はネイピア数と呼ばれる数学定数の1つで，その値は $e = 2.7182818284\cdots$ です (小数以下無限に続く)．歴史上有名な例としては，馬に蹴られて死亡する兵士の数がポアソン分布に従うことが指摘されています．また，しばしば次のような事象もポアソン分布に従うといわれています．

- 1時間に特定の交差点を通過する車両の台数
- ある地域における交通事故死亡者数
- 書物1頁当たりの誤植の数
- スーパーのレジに単位時間当たり到着する客の数
- サッカーの1試合当たりの得点

では次に実際のデータからポアソン分布がよくあてはまる2, 3の例をお見せしましょう．

例 2.8 1949年～2012年の64年間の日本人ノーベル賞受賞者数 (日本国籍の保有者) は18人です．表2.6は例えば受賞者が2人いた年は64年間に2回あったことを示しています．この期間中，受賞者0人の年は50回，1人受賞の年は11回，2人受賞の年は2回，3人受賞の年は1回でした．そして平均年間受賞者数は18人/64 = 0.2813人です．

表 2.6 1949年～2012年の64年間の日本人ノーベル賞受賞者数

受賞者数	3人	2人	1人	0人
受賞年	2008年	2002年 2010年	1949年，1965年，1968年 1973年，1974年，1981年 1987年，1994年，2000年 2001年，2012年	それ以外
受賞者が x 人いた年の回数	1	2	11	50

年間の日本人ノーベル賞受賞者数を X とするとき，64年間の毎年の受賞者数の実現値と，m (期待値) $= 0.2813$ のポアソン分布から計算された理論値をまとめると次の表2.7のようになります．また，この表をグラフにまとめ

表 2.7 ノーベル賞受賞者数の実現値とポアソン分布の理論値

出現回数	0	1	2	3	4	5
実現値	0.78125	0.17188	0.03125	0.015625	0	0
理論値	0.7548	0.21233	0.02986	0.00280	0.00020	0.00001

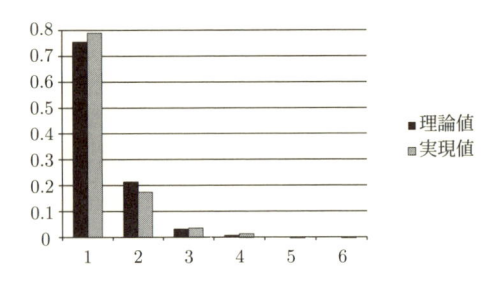

図 2.12　1949 年〜2012 年　日本人ノーベル賞受賞者数と平均 0.2813 のポアソン分布から計算された理論値

ると図 2.12 のようになります．

例 2.9　(2012 年サッカー J リーグの 1 チーム当たりの得点分布)　2012 年の J リーグ全 306 試合 (延べ参加チーム 612 チーム) の 1 試合当たり 1 チームの得点分布に平均 1.374 のポアソン分布を当てはめてみると図 2.13 のようになりました．ポアソン分布がよく当てはまっていることが分かります．

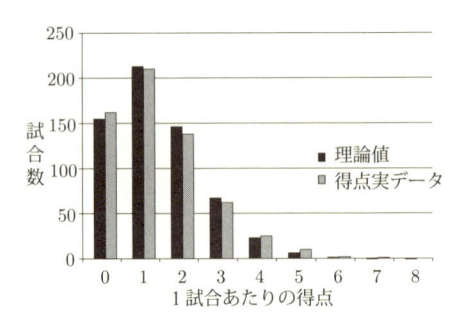

図 2.13　2012 年 J リーグ 1 チーム 1 試合当たりの得点

得られたデータのポアソン分布への適合度を調べる方法については，第 4 章の補論で説明します．

練習問題

[1] 2 つのサイコロを投げて目の和が 4 以下になる確率を求めなさい．

[2] 箱の中に 3 個の赤玉と 5 個の白玉が入っている．この中から，同時に 2 つの玉を取り出すとき次の確率を求めなさい．

①　白玉を 2 つ取り出す確率.

②　赤玉と白玉を 1 つずつ取り出す確率.

[3] 0,1,3,5 の数字が書かれた 4 枚のカードがあります. この 4 枚から 3 枚を並べて 3 桁の整数を作るとき，何通りの作り方がありますか.

[4] ある企業の人事部 8 人の中から新卒採用担当の面接官を 3 人選びたいとします. 選び方は何通りありますか.

[5] x の確率分布が下記の表で与えられるとき，次の問いに答えなさい.

x	0	2	4	6	8
$p(x)$	0.30	0.25	0.20	0.15	0.10

①　x の期待値 ($E(x)$) を求めなさい.

②　x の分散 ($V(x)$) を求めなさい.

確率変数 x の期待値を μ，分散を σ^2 とするとき，a,b を定数とした場合，$ax+b$ の期待値は $E[ax+b] = a\mu+b$ となり，分散 $V[ax+b] = a^2\sigma^2$ となります. この結果を使って

③　$E(2x+3)$ を求めなさい.

④　$V(2x+3)$ を求めなさい.

[6] 学生 5 人が一緒に旅行に行くことになりました. 各学生は独立に 5 回に 1 回の割合で遅刻します. このような状況で 2 人の学生が遅刻する確率はいくらですか.

[7] プロ野球セ (またはパ) リーグ戦で 1 位になったチームを A，2 位になったチームを B，3 位になったチームを C とします. この 3 チームでクライマックスシリーズ (CS) が戦われます. CS ではまずファーストステージで B と C が 3 試合を行い，先に 2 勝したほうが勝者 (仮に C チームとしましょう) となります. 次のファイナルステージで C と A が 6 試合を行い先に 4 勝したほうが CS の勝者となります. このとき A はリーグ優勝しているのであらかじめ 1 勝が与えられます (すなわち A は先に 3 勝すればよく，C は先に 4 勝しなければなりません. このようなルールの下で，ファイナルステージの第 1 戦でチーム C が勝ちました. さてこのとき，チーム C が CS の勝者になる確率はいくらですか. ただしファイナルステージでは引き分けはないものとし，各チームの実力は互角 (すなわち 1 試合ごとに双方のチームの勝つ確率は 0.5) として計算しなさい (ヒント：図 2.7 にならって可能な対戦結果を図示して考えなさい).

[8] (ベイズの定理)

大腸がんの便潜血検査は，大腸がん患者に対して，確率 0.5 で陽性反応または陰性反応を示すことが知られているとします. 大腸がんではない人に対しては，確率 0.03009 で陽性の，確率 0.96991 で陰性の反応を示すことが知られているとします. また大腸がん患者は 10000 人当たり 30 人 (0.3%) で

あることが分かっているとしましょう．整理すると下の表または図のような状況です．

	大腸がん	大腸がんではない
陽性	0.5	0.03009
陰性	0.5	0.96991
	1.0	1.0

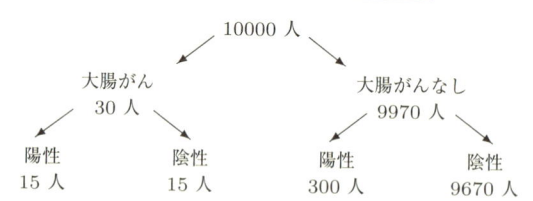

```
              10000 人
             ↙        ↘
        大腸がん      大腸がんなし
         30 人         9970 人
        ↙   ↘         ↙      ↘
      陽性  陰性     陽性     陰性
      15人  15人    300人    9670人
```

出典：『リスクリテラシーが身につく統計的思考法』
　　　ゲルト・ギーゲレンツアー著，吉田利子訳（早川書房）

さて，ある被検者が検査の結果，陽性反応がでました．この人が本当に大腸がんである確率はいくらですか．

3 正規分布

3.1 正規分布の性質
3.2 2項分布と正規分布の関係
3.3 2項分布の正規近似
◇ 補論 3.1 一様分布
◇ 補論 3.2 カイ2乗分布
◇ 補論 3.3 自由度について

3.1 正規分布の性質

社会現象や自然現象の観察データをヒストグラム化すると，しばしば左右対称に近い山型のグラフが得られます．そのような例として，1.1 節の身長の分布を見ました．その他に2つ例を挙げてみましょう．

例 3.1 表 3.1 はある都市の 1879 年から 2011 年までの年間降水量 (単位 mm) の記録です (出典: 気象庁)．図 3.1 は表 3.1 から作成したヒストグラムです．この度数分布表から平均値を計算すると

$$\frac{800 \times 2 + 1000 \times 5 + \cdots + 2600 \times 1}{133} = 1546$$

となります．

表 3.1 ある都市の年間降水量 (単位 mm)

年間降水量	階級値	度数	累積度数	相対度数	累積相対度数
700〜900	800	2	2	0.015	0.015
900〜1100	1000	5	7	0.038	0.053
1100〜1300	1200	20	27	0.150	0.203
1300〜1500	1400	34	61	0.256	0.459
1500〜1700	1600	35	96	0.263	0.722
1700〜1900	1800	21	117	0.158	0.880
1900〜2100	2000	11	128	0.083	0.962
2100〜2300	2200	3	131	0.023	0.985
2300〜2500	2400	1	132	0.008	0.992
2500〜2700	2600	1	133	0.008	1.000
計		133		1	

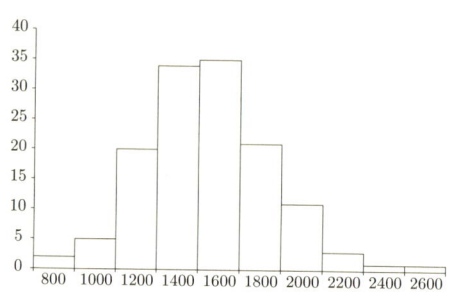

図 3.1 ある都市の年間降水量のヒストグラム

例 3.2 (**TOPIX の収益率の分布**) 図 3.2 のグラフは東京証券取引所の 1999 年 1 月から 2013 年 3 月までの株価指数 TOPIX (月次データ) から計算された収益率 ((6.1),(6.2) 式参照) の分布です．このグラフも左右対称な形をしています．

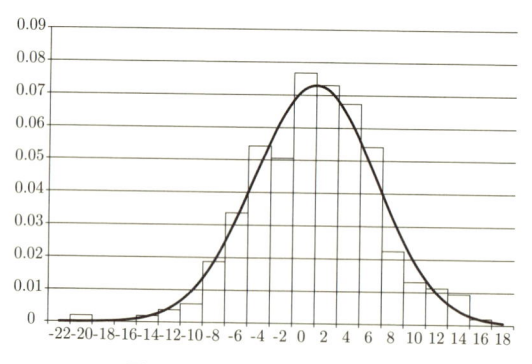

図 3.2 TOPIX の収益率の分布
出典：Yahoo ファイナンスデータから計算

これらの分布はいずれも，ほぼ左右対称な山型になっていて山の左右に裾が長く伸びています．このような分布は富士山型と形容されることがあります．また釣鐘を伏せたような形に見えるところから釣鐘型と呼ばれることもあります．このような分布は**正規分布**と呼ばれる統計学で最も重要な分布に従うと考えられています (株価収益率は正規分布より裾の長い分布に従うと見たほうがよい場合もあります．なお正規分布かどうかの検定については補論 4.1 で触れます)．もし観測値の数 n が非常に多ければ，これらのヒストグラムの階級幅を小さくしていくことで，ヒストグラムは次第に滑らかな曲線

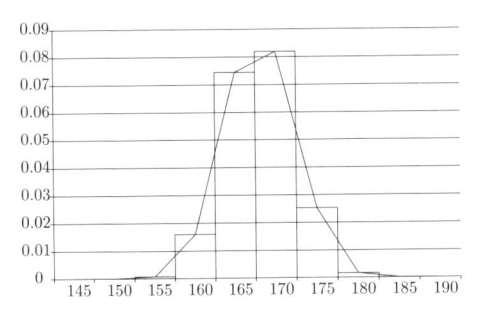

図 3.3　10 階級のヒストグラム
(ヒストグラムの柱の面積が相対度数になるように，縦軸は相対度数÷階級幅としてあります)

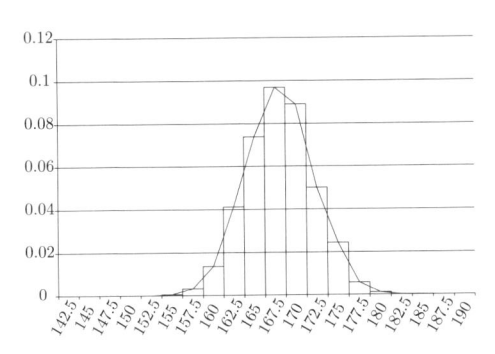

図 3.4　19 階級のヒストグラム
(ヒストグラムの柱の面積が相対度数になるように，縦軸は相対度数÷階級幅としてあります)

に近づいていきます．

　次の例は，階級の幅を小さくするに従ってヒストグラムの形状が次第に滑らかな正規分布の曲線に近づいていくことをコンピュータシミュレーションによって示したものです．日本の 15 歳男子の身長の分布に似せてコンピュータの中に，平均 168 cm，標準偏差 4 cm を持つ正規分布になるように 1 万人の身長の人工的なデータを発生させます．図 3.3 〜 図 3.5 は，この現実に似せた人工的なデータを使って，ヒストグラムが滑らかな曲線に近づいていく様子を表したものです．ただし図 3.3 〜 図 3.5 はヒストグラムの各階級の柱の面積がその階級の相対度数に等しくなるように描かれています．したがって，すべての階級の柱の面積の合計は 1 になります．図 3.6 は 50 階級に分けたときのヒストグラムに，次の (3.1) 式から計算された正規分布を表す曲線を重ねて描いたものです．

　正規分布の曲線は次式で表されます．

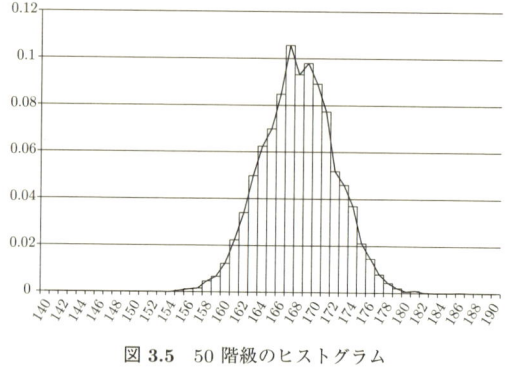

図 3.5 50 階級のヒストグラム
(ヒストグラムの柱の面積が相対度数になるように,縦軸は相対度数÷階級幅としてあります)

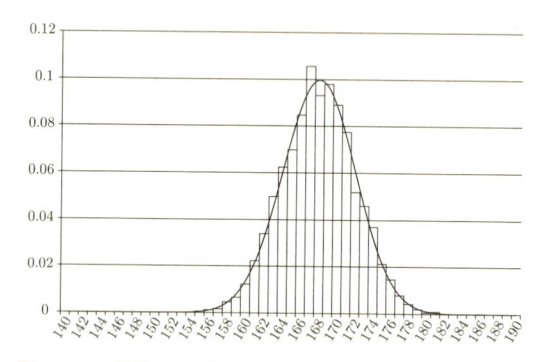

図 3.6 50 階級のヒストグラムに正規分布を重ね合わせたもの
(ヒストグラムの柱の面積が相対度数になるように,縦軸は相対度数÷階級幅としてあります)

$$y = \frac{1}{\sqrt{2\pi}\sigma} e^{-\frac{(x-\mu)^2}{2\sigma^2}} \tag{3.1}$$

この式で μ は平均を,σ は標準偏差を表します.また x は $-\infty$ から $+\infty$ の間を連続的に変化する確率変数です.このような確率変数を**連続型確率変数**といいます[*1].この曲線の形は図 3.6 で示すような形になります.そしてこの曲線と横軸との間の面積は 1 になります.その数学的証明は本書のレベルを超えるので示しませんが,次のように直感的に説明することができます.

図 3.6 の正規分布曲線はおおむねヒストグラムの各階級の柱の真ん中を通

[*1] 連続型確率分布の 1 つに,一様分布と呼ばれる分布があります.この分布については本章の補論 3.1 を参照してください.また連続型確率変数の平均と分散の数学的定義については章末の練習問題 [7] を参考にしてください.

るように描かれています．図3.6の一部を拡大した図3.7から分かるように，Aの面積とBの面積はほぼ等しいので，曲線の上に出っ張ったAの部分を削りとり，曲線より下に凹んだBの部分を埋め合わせば，階段状のグラフが滑らかな曲線になります．このような操作から分かるように，柱の面積と曲線の下側の面積はほぼ等しくなります．上に述べたように柱の面積の合計は1でしたから，正規分布曲線の下側の面積も1になるのです．

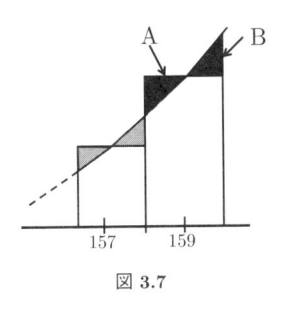

図 3.7

一般的に，連続型確率変数の分布を表すこのような曲線を確率密度関数といいます．

▷ 正規分布の性質

図3.6から見てとれるように，このヒストグラムは正規分布曲線に非常に近いので，この身長の分布は正規分布に従っているということができます．ある変数 x が正規分布に従うとき（上の例では，x は身長を指します），$x \sim N(\mu, \sigma^2)$ と書きます．ここに μ は平均，σ^2 は分散を表します（したがって σ は標準偏差）．次節で述べる方法を使えば正規分布では，平均から $\pm 1.96\sigma$ の範囲に全体の95%のデータが含まれることがわかります．上の身長の例では平均168 cm，標準偏差4 cm でしたから，この範囲は $168 \pm 1.96 \times 4$，すなわち160.16 cm から175.84 cm の範囲となります．したがってこの範囲に全体の95%すなわち9500人が含まれていることになります．図3.8から分かるように分布が対称であることから，$168 + 1.96\sigma$（175.84 cm）以上の身長の男子は全体の2.5%しかいません．

見方を変えれば，ランダムに選んだ1人生徒の身長が160.16 cm から175.84 cm の区間に入る確率が0.95 であることを意味しています．すなわち式で書けば

$$P(160.16 < x < 175.84) = 0.95$$

となります.この 0.95 という値は,先に述べたヒストグラムと正規分布曲線の関係から容易に分かるように,区間 [160.16, 175.84] 上の正規分布曲線の下側の面積 (図 3.8 の影を付けた部分の面積) に等しくなります.一般に連続型確率変数 x が任意の区間 $[a,b]$ に含まれる確率 $P(a < x < b)$ は,区間 $[a,b]$ 上の確率密度関数の下側の面積に等しくなります.

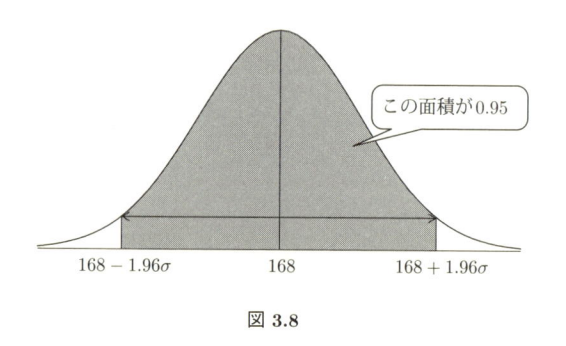

図 3.8

▷ 標 準 化

第 1 章で標準偏差の ±1 倍,±2 倍,±3 倍の幅に全体のおおよそ何パーセントが含まれるかを示しましたが,このパーセンテージは実は正規分布に基づいて計算されていました.次に述べる正規分布の性質を使えば,平均と標準偏差が分かればどんな区間であっても,その区間に何パーセントのデータが含まれるかを知ることができます.それを説明する前に標準化変量と偏差値を思い出しておきましょう.平均 μ,標準偏差 σ の正規分布に従う観測値 X を標準化した値を Z,偏差値を Y で表すと

$$\text{標準化変量} \quad Z = \frac{X - \mu}{\sigma}$$

$$\text{偏差値} \quad Y = \frac{X - \mu}{\sigma} \times 10 + 50$$

となります.このとき次のことが成り立ちます.
1) Z は平均 0,標準偏差 1 の正規分布 $N(0,1)$ に従う.このような正規分布を**標準正規分布**といいます.
2) Y は平均 50,標準偏差 10 の正規分布 $N(50, 10^2)$ に従う.

第 1 章で示した図 1.10 と図 1.11 は素点の分布と偏差値に直した後の分布の様子を表しています.

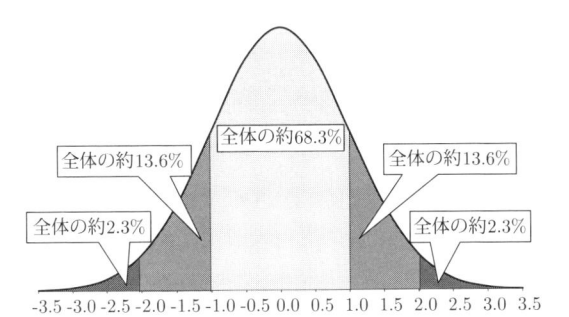

図 3.9 標準正規分布

　図 3.9 の曲線は標準正規分布曲線を表しています．標準正規分布の横軸の任意の区間における標準正規分布曲線と横軸の間の面積をあらかじめ計算した結果は，巻末の付表に示されています (表の見方は巻末の説明を読んでください)．この表を使えば，この図に示されるように，平均 0 の左右に標準偏差の幅をとると，この区間に全体の約 68.3%，標準偏差の 2 倍の幅をとるとその区間に全体の約 95.5% が含まれていることを示しています．

　この表を使って 56 頁の身長の例において 175 cm 以上の男子が何人いるかを計算してみましょう．

1) まず 175 cm を標準化すると，$Z = \frac{175-168}{4} = 1.75$ となります．
2) 標準正規分布表から Z の値が 1.75 に対応する左側の面積比は 0.96 ですから，1.75 より右側の面積比は $1 - 0.96 = 0.04$ です．
3) よって 1 万人中の 175 cm 以上の人数は $10000 \times 0.04 = 400$ となります．

次にこのような性質を応用して上の例，160.16 cm から 175.84 cm の区間に入るデータは全体の何パーセントかを計算してみましょう．160.16 cm と 175.84 cm を標準化するとそれぞれ

$$\frac{160.16 - 168}{4} = -1.96, \quad \frac{175.84 - 168}{4} = 1.96$$

となります．標準正規分布表から 1.96 の右側の面積比は 0.025 です．分布は左右対称ですから -1.96 の左側の面積比も 0.025 です．したがって -1.96 から $+1.96$ の間の面積比は 0.95，すなわち 95% であることが分かります．したがって 160.16 cm と 175.84 cm の間に全体の 95% の生徒が含まれるといえます．

3.2　2項分布と正規分布の関係

図 2.10 で見たように，p が 0.5 ではなく，かつ n が 5 のように小さいときは 2 項分布のグラフは左右対称ではなく少し歪んでいます．p が 0.5 から離れるほど非対称なグラフになります．しかし n が大きくなると非対称性は小さくなり対称形に近づいていきます．図 2.11 のように n を 5 から 10 に変えただけで少し非対称の程度は弱まります．さらに図 3.10 のように $n = 20$ の場合には，ほとんど左右対称になります．またこの形は正規分布曲線に非常によく似ています．実際，n が大きいときは，p の値にかかわらず 2 項分布は正規分布で近似できることが知られています．

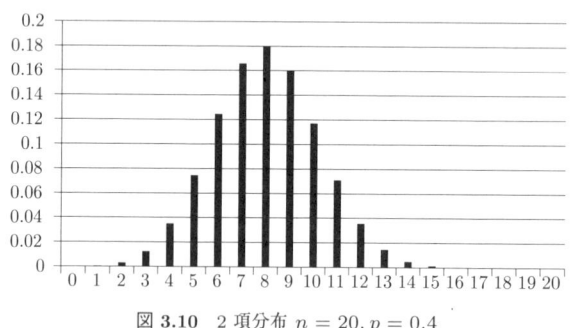

図 3.10　2 項分布 $n = 20, p = 0.4$

▷ **IBM の確率機械**

1964 年にニューヨークで開催された万国博覧会に IBM 社は確率機械なるものを展示しました．図 3.11 は確率機械の構造を表すイラストです (本物の写真は『基本統計学』(宮川公男著，有斐閣) に掲載されています)．この機械の最上段中央部からプラスチックのボールを落とすと，ボールは 22 段に並べられた金属ピンに当たって右へ左へと跳ねながら落下していきます．右へ跳ねる確率と左に跳ねる確率はともに 0.5 になるように作られています．最後の段には 23 個の箱が置いてあり，玉はどれかの箱に入ります．玉がどの箱に入るかは，右に跳ねた回数と左に跳ねた回数の組み合わせによって決まります．例えば一番左の箱に入る場合は 22 段のうちすべての段で左に跳ねた場合ですから，そのような事象の起こる確率は $(0.5)^{22} = 2.3841 \times 10^{-7}$ です．もう 1 つの例として，左から 2 番目の箱に入る場合を考えてみましょう．こ

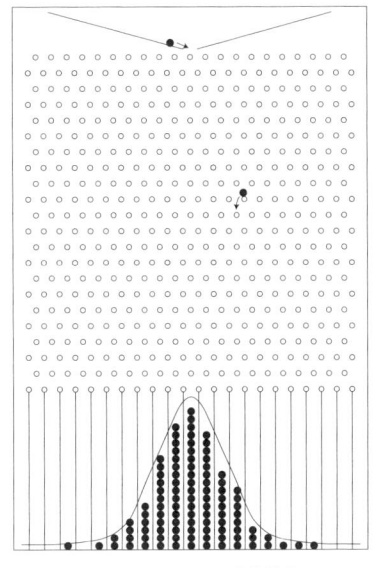

図 3.11　IBM の確率機械

の箱に入る経路の数は，右に 1 回落ち，左に 21 回落ちる場合の数だけありますから，その場合の数は組み合わせの公式より

$$\frac{22!}{1!(22-1)!} = 22$$

です．したがって左から 2 番目の箱に入る確率は 2 項分布の公式 (2.10) より

$$\frac{22!}{1!(22-1)!} \times 0.5^1 \times 0.5^{21} = 5.24521 \times 10^{-6}$$

と計算されます．一番左端の箱に到達する経路は 1 通り，左から 2 番目の箱に入る経路は 22 通りです．端のほうに落ちる経路の数は少ないですが，中央部分，例えば左から 11 番目の箱に至る経路は組み合わせの公式から 705432 通りあることが分かります．このように中央部分に近い箱ほどそこに玉が入る経路の数が多く，したがって中央部の箱に入る確率も高くなります．

　このような確率機械を作って実験することは容易ではないので，コンピュータを使った模擬実験 (シミュレーション) を行ってみましょう．Excel には 0 と 1 を確率 0.5 で発生させる機能があります．玉の落下の各段階で，右に落ちた場合は 1，左に落ちた場合は 0 で表すとして 22 個の 0 または 1 をコンピュータにランダムに発生させます．これらの 1 と 0 を足し合わせた数は，1 が出た回数，すなわち 22 回中右に落ちた回数を表します．その回数は右か

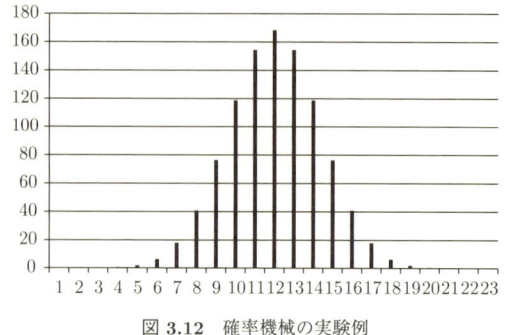

図 3.12 確率機械の実験例
横軸：箱の番号，縦軸：箱に入った玉の数

ら何番目の箱に入ったかを表します．いま 1000 個の玉を落とす実験を表計算ソフト Excel で行った結果は図 3.12 のようになりました．中央部分の箱に入った回数が多く，両端の箱ほど玉の数が少ない様子が分かります．そしてこの分布は極めて正規分布に近い形になっていることが分かります．上で述べた理論どおりに 2 項分布は正規分布で近似されることが実験的に確かめられたといってよいでしょう．

3.3　2 項分布の正規近似

次に 2 項分布を正規分布で近似するという意味をもう少し詳しく説明してみましょう．2 項分布では確率変数のとる値は離散的であるのに対して，正規分布では連続的に変化します．離散的確率分布を連側的確率分布で近似する場合は少し工夫が必要です．次の図 3.13 は $n = 5, p = 0.5$ の 2 項分布のグラフです．

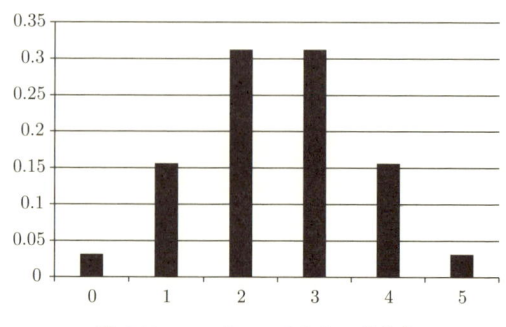

図 3.13　$n = 5, p = 0.5$ の 2 項分布
棒の高さが確率を表す

このグラフでは X のとる値 0, 1, 2, 3, 4, 5 に対応した確率の値が縦線の高さで示されています. X は整数の値しかとりませんから例えば $X = 1.3$ などの小数の値は存在しません. したがってそのような値が出現する確率は 0 です. このような中間的な非整数値が存在しない離散的確率分布を連続的な確率分布で近似するために, 図 3.14 のように, 高さはそのままにして底辺 1 の柱で表すように変形します.

そうするとこの柱の面積 (=底辺 × 高さ) は, 底辺が 1 で高さが確率の値を表す長方形になり, その面積も確率の値となります. したがって柱の面積が確率の値を表します. 例えば $X = 1$ となる確率 0.15625 の場合, $X = 1$ の上の柱は底辺 = 1, 高さ = 0.15625 ですから, その面積は底辺 × 高さ = $1 \times 0.15625 = 0.15625$ となります.

次の図 3.15 から図 3.17 は様々な n について確率を底辺が 1 の幅を持つ柱で表したものです. この図では柱の面積が X の確率を表しています. ここで試行回数 n を次第に大きくすると図 3.15〜3.17 から見てとれるように, 柱で描いた 2 項分布のヒストグラムは次第に滑らかになります. そしてこれらのグラフにそれぞれの柱の上底の中央を結んだ折れ線を重ねて描くと, この折れ線は次第に滑らかな曲線に近づいていきます. このように幅を持った柱状グラフでは, 例えば, $x = 3$ または 4 となる確率は ① の面積 + ② の面積で表されます.

このように n を大きくしたとき, この滑らかな曲線は理論的に期待値 np, 分散 npq の正規分布 $N(np, npq)$ の曲線に近づいていくことが証明されています. n がある程度大きければ 2 項分布に関する確率の計算は正規分布を使って近似的に計算できます. 例えば図 3.16 で X が 5 または 6 または 7 の値をとる確率は 5, 6, 7 の上の柱の面積の合計として計算できます. しかし,

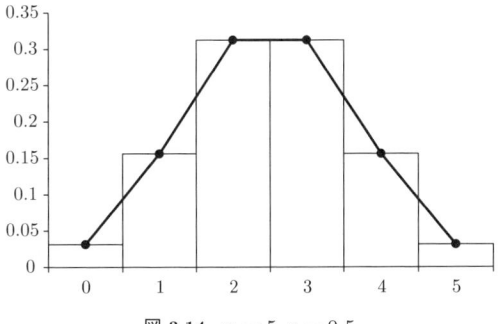

図 3.14　$n = 5, p = 0.5$

図 3.15 $n=10, p=0.5$

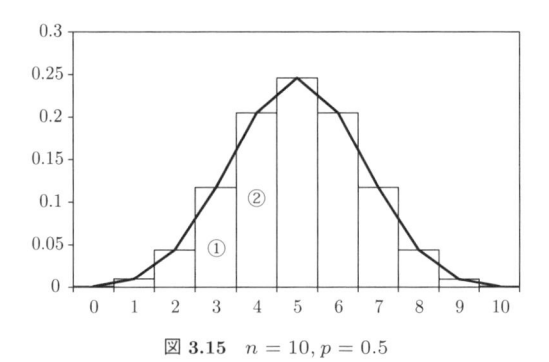

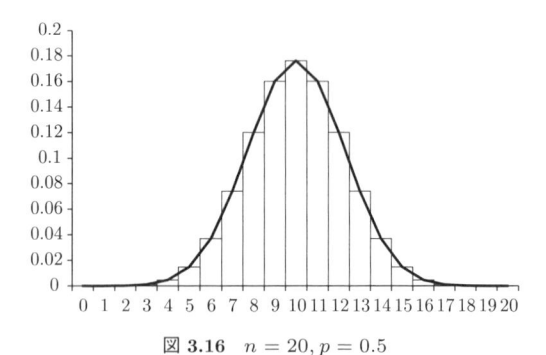

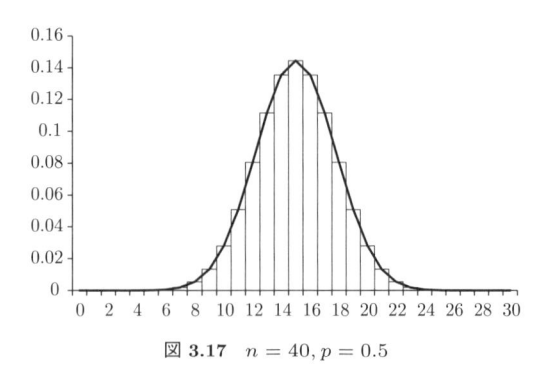

図 3.16 $n=20, p=0.5$

図 3.17 $n=40, p=0.5$

このとき 5〜7 の間の正規分布曲線の下側の面積で近似すると，図 3.18 から分かるように，4.5〜5 の間の面積と 7〜7.5 の間の面積が漏れてしまいます．したがって 3 本の柱の面積の合計は正規曲線の下側の 4.5 から 7.5 までの面積を用いたほうが正確な近似になります．このように 2 項分布の確率を正規分布で近似するとき，両端を 0.5 ずつ広げて正規分布の確率を計算することを不連続補正といいます．

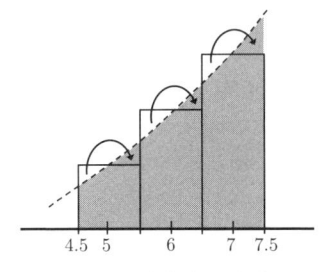

図 **3.18** 不連続補正の概念図

以上を一般化して表現すれば，2項分布における確率 $p(a \leq x \leq b)$ を正規分布で近似する際，正規分布の確率 $p(a - 0.5 \leq x \leq b + 0.5)$ を用いるほうが正確な近似になります．

補論 3.1 一 様 分 布

区間 $[a, b]$ で定義される連続型確率変数 x の確率密度関数が

$$f(x) = \frac{1}{b-a}$$

で表されるとき，この分布を一様分布といいます．区間 $[a, b]$ 上の一様分布では，この区間内に一定幅を持つ微小区間 $[a', b']$ をどこにとっても，その区間に x が含まれる確率 $p(a' < x < b')$ は一定になります．また図 3.19 の斜線部分の面積が 1 になるように高さは $\frac{1}{b-a}$ になっています．一様分布の期待値 $E(x)$ と分散 $V(x)$ は

$$E(x) = \frac{a+b}{2}, \ V(x) = \frac{(b-a)^2}{12}$$

となります．一様分布のグラフは下の図のようになります．

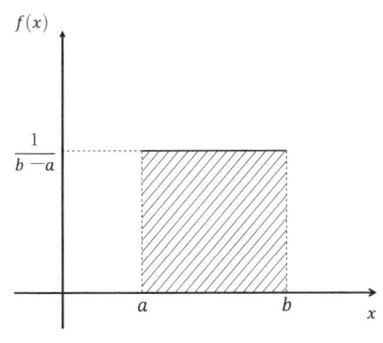

図 **3.19** 一様分布

補論 3.2　カイ 2 乗分布

本章で，平均 0，標準偏差 1 の正規分布のことを標準正規分布と呼び，それに従う変数を Z で表しました．ところで統計学ではしばしば，標準正規分布に従う Z の k 個の 2 乗和

$$W = Z_1^2 + Z_2^2 + \cdots + Z_k^2$$

の確率分布が応用上必要になることがあります．W はカイ 2 乗分布という理論的分布に従うことが知られています．ここではカイ 2 乗分布を表す数式は示しませんが，この分布の平均は k，分散は $2k$ となることが知られています．"カイ" はギリシャ文字 χ からきていますのでカイ 2 乗分布は χ^2 分布と表記されることもあります (ただし χ^2 という記号は χ の 2 乗という意味ではありません)．

この分布を数学的に導出することは本書のレベルを超えていますので，ここではその代わりにコンピュータ・シミュレーションによって W の分布が理論的なカイ 2 乗分布になることを感覚的に納得していただくことにしましょう．そのために次のようなモンテカルロ実験を行います．

1) k 個の標準正規分布に従う乱数 $Z_1, Z_2, \cdots, Z_k$ を発生させる．
2) $W = Z_1^2 + Z_2^2 + \cdots + Z_k^2$ を計算する．
3) この操作を 1000 回繰り返し 1000 個の W を計算する．
4) これらの 1000 個の W のヒストグラムを描く．

図 3.20 から図 3.23 は $k = 1, 4, 10, 20$ のときの W のヒストグラムです．

例えば，$k = 4$ の場合のヒストグラム図 3.21 にこの理論分布を重ね合わせてみると図 3.24 のようになります．また実験から得られた平均と分散も理論値にほぼ等しくなっています．

図 3.25 に $k = 1, 4, 10, 20$ の理論的カイ 2 乗分布の形状を示しておきます．

このモンテカルロ実験から確かに W のヒストグラムは理論的なカイ 2 乗分布に非常に近いことが分かります．この結果から，W の分布はカイ 2 乗分布になるということが納得していただけたと思います．

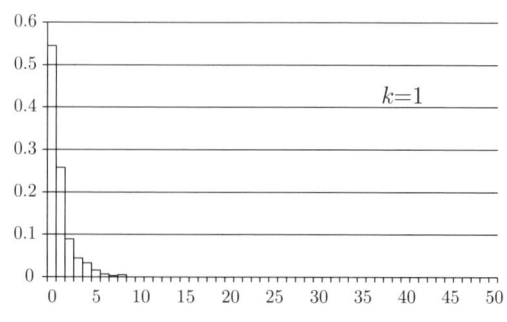

図 3.20　W のヒストグラム ($k = 1$)
平均 $= 0.94$，分散 $= 1.73$

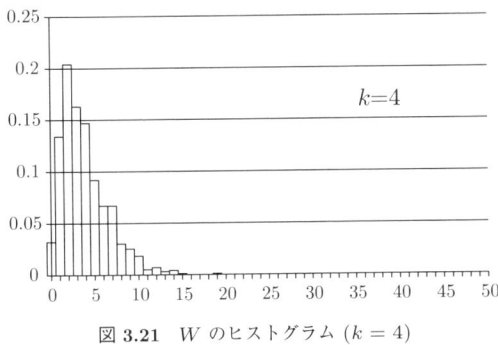

補論3.2 カイ2乗分布

図 3.21 W のヒストグラム ($k = 4$)
平均 $= 3.87$，分散 $= 7.04$

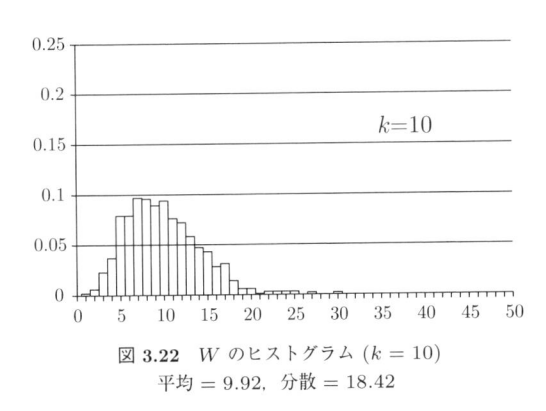

図 3.22 W のヒストグラム ($k = 10$)
平均 $= 9.92$，分散 $= 18.42$

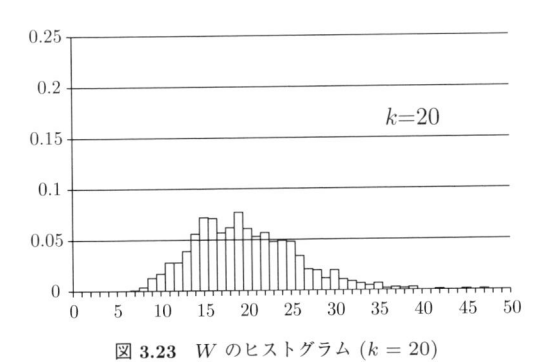

図 3.23 W のヒストグラム ($k = 20$)
平均 $= 18.94$，分散 $= 36.19$

図 3.24

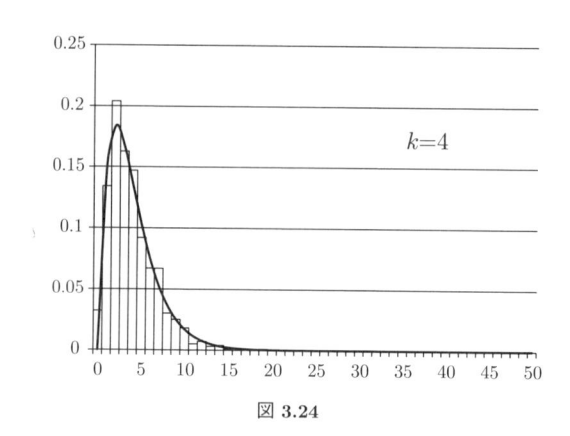

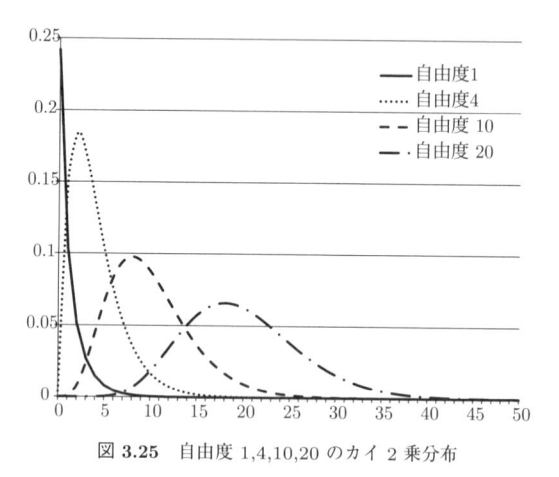

図 3.25　自由度 1,4,10,20 のカイ 2 乗分布

次に平均 μ, 分散 σ^2 の正規分布に従う確率変数 X を標準化した変量を $Z_i = \frac{X_i - \mu}{\sigma}$ で表すと，Z の 2 乗和は以下のようになります．

$$W = \left(\frac{X_1 - \mu}{\sigma}\right)^2 + \left(\frac{X_2 - \mu}{\sigma}\right)^2 + \cdots + \left(\frac{X_k - \mu}{\sigma}\right)^2$$

μ を $X_1, \cdots, X_k$ の算術平均 $\bar{X}$ に置き換えると次のようになります．

$$J = \left(\frac{X_1 - \bar{X}}{\sigma}\right)^2 + \left(\frac{X_2 - \bar{X}}{\sigma}\right)^2 + \cdots + \left(\frac{X_k - \bar{X}}{\sigma}\right)^2$$

J は自由度 $k-1$ の χ^2 分布となります．カイ 2 乗分布のグラフは自由度によって形状が異なります．カイ 2 乗分布は，次章以降で紹介する分散の推定や検定，適合度検定などに用いられます．

:::: 補論 3.3　自由度について ::::

図 3.25 から分かるようにカイ 2 乗分布のグラフの形状は自由度によって異なります．ここではこの自由度について簡単に説明をします．例えば，3 つの観測値 $\{5,8,2\}$ があるとします．この観測値から平均値を計算すると

$$\frac{5+8+2}{3}=5$$

となります．では，この平均値 5 を保ったまま 3 つのデータのうち何個まで他の値に自由に置き換えるかを考えてみます．3 つのデータを x_1, x_2, x_3 として，平均値を $\bar{x}$ で表します．さらに平均値の計算式を以下のように書き換えます．

$$x_1 + x_2 + x_3 = 3\bar{x}$$

今の例では $\bar{x}=5$ なので，

$$x_1 + x_2 + x_3 = 15$$

です．ここで $x_1=5, x_2=8$ と分かったとします．そうすると $5+8+x_3=15$ なので，必然的に $x_3=2$ と決まってしまいます．この例のように平均値を一定に保つためには，n 個のデータの値すべてを自由に変えることはできず，$n-1$ 個のデータしか値を変えることができません．すなわち自由度とはある制約のもとで（この例では平均値を一定に保ったまま）自由に値を変えることができるデータの個数を示します．このため μ の代わりに $\bar{x}$ を使うと自由度が 1 つ減ります．

練習問題

[1] Z を標準正規分布に従う確率変数としたときに $P(-1 \leq Z \leq 1)$ を求めなさい．

[2] X が $N(10,4)$ として，X が区間 $(4,16)$ に入る確率 $P(4 \leq X \leq 16)$ を求めなさい．

[3] ある高校の男子生徒の身長は平均が 170 cm，標準偏差が 3 cm の正規分布に従っているとします．このとき以下の問いに答えなさい．
  ① 身長が 165.08 cm 以下の生徒数は全体の何％ですか．
  ② 身長が 176.99 cm 以上の生徒数は全体の何％ですか．
  ③ 身長が 163.01 cm から 175.88 cm の間の生徒数は全体の何％ですか．

[4] ある試験の点数は平均 60 点，標準偏差が 15 点の正規分布に従っているとします．このとき以下の問いに答えなさい．
  ① 下から 15％ までの学生を不合格とするとき，合格ラインは何点以上になりますか．
  ② 上位 5％ までを AA の成績とするときに，何点以上であれば AA となりますか．

[5] 図 1.10 から国語は平均 40 点，標準偏差 17.3 点，数学は平均 60 点，標準偏差 11.4 点のほぼ左右対称な正規分布に近い形をしています．下の図 3.26 は国語と数学の合計点の分布です．合計点の分布も左右対称に近い正規分布のような形をしています．理論的には 2 つの確率変数 x と y がそれぞれ独立に正規分布 $N(\mu_1, \sigma_1^2)$ と $N(\mu_2, \sigma_2^2)$ に従うとき，$x+y$ は正規分布 $N(\mu_1+\mu_2, \sigma_1^2+\sigma_2^2)$ に従うことが証明されています．では国語と数学の点が独立に正規分布に従うと見なして国語と数学の合計点が 70 点以上 140 点未満の生徒の割合を求めなさい．

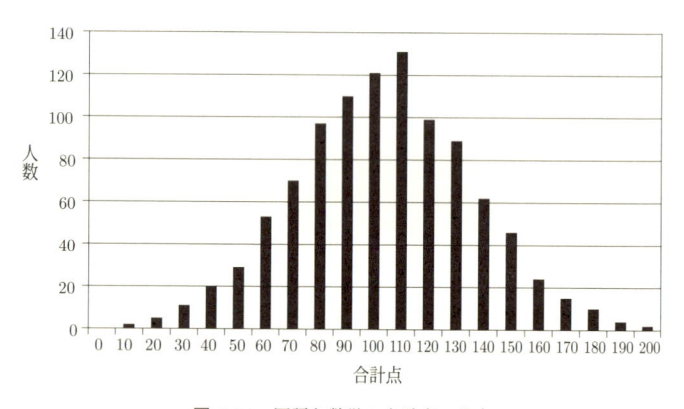

図 3.26　国語と数学の合計点の分布

[6] 2 つの独立な確率変数 x と y がそれぞれ正規分布 $N(\mu_1, \sigma_1^2)$ と $N(\mu_2, \sigma_2^2)$ に従うとき，合計点 $x+y$ の偏差値を求め，合計点の偏差値は x の偏差値と y の偏差値の合計ではないことを確かめなさい．

[7] 連続型確率変数 x の確率密度関数を $f(x)$ とすると x の期待値 (平均) $E(x)$ と分散 $V(x)$ は，次の式で定義されます．

$$E(x) = \int_{-\infty}^{\infty} x f(x) dx = \mu,$$
$$V(x) = \int_{-\infty}^{\infty} (x-\mu)^2 f(x) dx$$

積分の知識のある読者は，この式がなぜ平均と分散を表すかを考えなさい (ヒント：14 頁で説明した度数分布表から平均と分散を計算する方法と図 3.3〜図 3.5 で示したヒストグラムと正規分布曲線の関係に着目してください)．

4 推定と検定

4.1 母集団と標本
4.2 推定量の性質
4.3 標本平均の分布
4.4 標本比率の分布
4.5 区間推定
4.6 仮説検定
◇ 補論 4.1　適合度の検定

　第1章と第3章では，与えられた観測値の整理の仕方，基本的な統計量の意味，およびそれらの計算方法について学びました．統計学のこのような分野を記述統計学といいます．ところで得られた観測値は，多くの可能性の中から1つの結果がある確率で実現したと考えることができます．そして統計学には，観測値を生み出した背景を，得られた観測値から推測する推測統計学という分野があります．第4章では推測統計学の入門的説明を行います．

4.1 母集団と標本

　統計的な調査・研究の対象となる集団を母集団といいます．前章で例として使った「15歳の日本人男子」は母集団の一例です．この例では，15歳男子の1人1人の身長ではなく母集団全体の身長の分布について考察しました．このように統計調査によって明らかにしたいことは，母集団を構成する特定個体に関する情報ではなく，母集団全体の特徴や傾向です．それぞれの母集団は固有の分布 (母集団分布) を持っています．上の例でいえば日本人の15歳の男子の身長の分布が母集団分布です．そして母集団全体の特徴は母集団分布によってとらえることができます．母集団分布の形状を規定する平均，標準偏差などの係数を母集団パラメータ，または母数といいます．通常，母数は未知なので，この章ではそれを統計的に推測する問題を扱います．前章では自然現象や社会現象の観測値は，しばしば正規分布またはそれに近い分布に従うことを見ました．母集団の分布が正規分布であるとき，その母集団

を**正規母集団**といいます．正規分布は平均と分散の2つのパラメータが決まれば，分布の形状が決まります．母数を推測するために，母集団からランダムに個体を抽出し(抽出された個体を**標本**といいます)，個体に関する様々な特性を観測します．これを**標本観測値**といいます．抽出された標本から母集団を推測する方法を**標本調査**といいます．これに対して，母集団に属するすべての個体を調査する方法を**全数調査**といいます．しかし，通常は母集団は非常に大きく全数調査を行うことは困難であるかまたは不可能なので，一般には標本調査が行われます．この章では，正規母集団から得られた標本観測値に基づいて母数を統計的に推測する問題を扱います．

標本調査の公平性と中立性を保つためには，調査する側に都合のよいような標本を恣意的に採取するということはあってはなりません．このような理由から母集団から標本を取り出す際は，恣意的な操作を排除するために無作為に，言い換えればランダムに抽出されます．このことを**無作為標本抽出**といいます．さらに無作為に標本を抽出することによって恣意性が排除されるだけでなく，以下で説明する統計的推測が可能になるのです．第1,3章では母集団と標本の関係を意識しないまま，標本として得られた観測値(標本観測値)から公式(1.1)と(1.2)を使って平均と分散を計算しました．標本観測値の平均と分散を**標本平均**，**標本分散**といいます．これに対して母集団の平均と分散を**母平均**，**母分散**といい，母平均をμ，母分散をσ^2で表すことにします．一般には母集団の一部である標本から計算された標本平均，標本分散と母平均，母分散とは等しくはありません(偶然等しくなることはありえます)．

一般に多くの場合，母平均や母分散などの母集団パラメータは未知ですからそれらを知りたい場合は，得られた標本観測値から推定するほかありません．ここに推定の問題が起こってきます．この章ではこの問題を一般的に考察しますが，そのためにここから先は，次のような記号の使い分けをします．大文字で観測値を

$$X_1, X_2, \cdots, X_n$$

と表した場合は(実際に観測される前の)標本観測値のとりうる可能な値を示すことにします．これらの平均と分散は$\bar{X}, S^2$とします．すなわち

$$\bar{X} = \frac{X_1 + X_2 + \cdots + X_n}{n} \tag{4.1}$$

$$S^2 = \frac{(X_1 - \bar{X})^2 + (X_2 - \bar{X})^2 + \cdots + (X_n - \bar{X})^2}{n} \tag{4.2}$$

と書きます．ここで注意していただきたいことは，標本はランダムに抽出されていますから，$\bar{X}$ も S^2 もランダムな変動を伴う確率変数だということです．これに対して観測から得られた値を**実現値**といい小文字

$$x_1, x_2, \cdots, x_n$$

で表します．実現値の平均と分散は

$$\bar{x} = \frac{x_1 + x_2 + \cdots + x_n}{n} \tag{4.3}$$

$$s^2 = \frac{(x_1 - \bar{x})^2 + (x_2 - \bar{x})^2 + \cdots + (x_n - \bar{x})^2}{n} \tag{4.4}$$

で表すことにします．$\bar{x}$ と s^2 は標本抽出を行った結果得られた (実現した) 値なので，$\bar{X}$ と S^2 の実現値です．

さて母平均 μ と母分散 σ^2 が未知でそれらを推定したいとき，母平均 μ は標本平均 $\bar{X}$ によって，母分散 σ^2 は標本分散 S^2 によって推定されます．このように $\bar{X}$ や S^2 が推定目的に使われるとき，それらは**推定量**と呼ばれます．また観測値の実現値から計算された $\bar{x}$ と s^2 を**推定値**といいます．推定方法は 1 つではなくいろいろ考えられます．例えば第 1 章 (13 頁の脚注 4) で述べたように分散の推定量として (4.2) 式の分母を $n-1$ に置き換えて

$$S^2 = \frac{(X_1 - \bar{X})^2 + (X_2 - \bar{X})^2 + \cdots + (X_n - \bar{X})^2}{n-1} \tag{4.5}$$

とするものもあります (その理由は後で説明します)．この例のように 1 つの未知母数に対していくつかの推定量がありえます．その中からよい推定量を選ぶためには推定量の性質を知る必要があります．

4.2　推定量の性質

推定量のよさを考察するために，先に挙げた日本人の 15 歳の男子の身長の分布を引き続き例として使います．この場合の母集団は日本人の 15 歳の男子です．まずはじめに，この母集団の平均と分散を標本データから推定する問題を考えてみましょう．推定に必要なデータを得るために母集団からランダムに選ばれた 50 人の身長を測定したとします．調査のためにランダムに選ばれた人数を標本数，または**標本の大きさ**といいます．この場合の標本

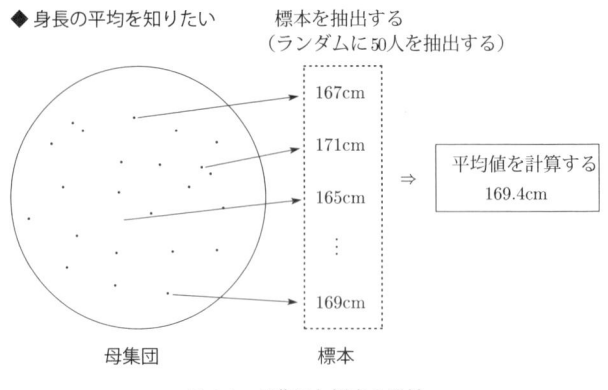

◆ 身長の平均を知りたい　　標本を抽出する
　　　　　　　　　　　　（ランダムに50人を抽出する）

　　　　　　　　　　　　　167cm
　　　　　　　　　　　　　171cm
　　　　　　　　　　　　　165cm　⇒　平均値を計算する
　　　　　　　　　　　　　　⋮　　　　169.4cm
　　　　　　　　　　　　　169cm

　　　母集団　　　　　　　　標本

図 4.1　母集団と標本の関係

数は 50 です．いま標本調査の結果，標本平均が $\bar{x} = 169.4$ となったとしましょう．この標本平均に基づいて母平均を推定する問題を考えましょう．図 4.1 はこのような状況を表す概念図です．ランダムに選ばれた 50 人の平均が母集団の平均に偶然一致することはほとんどないでしょう．多少の誤差を伴うと考えるのが自然です．ではその誤差はどの程度でしょうか，言い換えるとこの標本調査の精度はどの程度でしょうか．もし何度も同じ調査を行うことができれば，誤差のばらつきが明らかになると思われます．しかし実際に標本調査を何度も行うことは現実的ではありません．そこで，実際に何度も標本調査を行う代わりに，次のようなコンピュータを使った模擬実験 (シミュレーション) を行ってみましょう．日本人の男子 15 歳の身長の分布として平均 168 cm，標準偏差 4 cm を持つ架空の正規母集団をコンピューターの中に人工的に作り，この架空の正規母集団の中からランダムに選んだ 50 人の平均身長を計算するという調査を繰り返し 500 回行います．その結果，500 個の標本平均が得られますから，それらの標本平均と母平均 168 cm とを比較すれば，標本平均にはどの程度誤差があるかがかなり正確に分かるはずです．このようにコンピュータを使って架空の標本調査を行うことを標本実験といいます．図 4.2 は標本実験の概念図です．

　標本調査を繰り返すごとに標本平均は異なる値をとります．これを**標本変動**といいます．図 4.2 は標本平均の標本変動の様子を表したものです．この図の右側のグラフは標本変動をヒストグラムに表したものです．これを**標本分布**といいます．

◆ 標本調査をくり返し行ってみると…

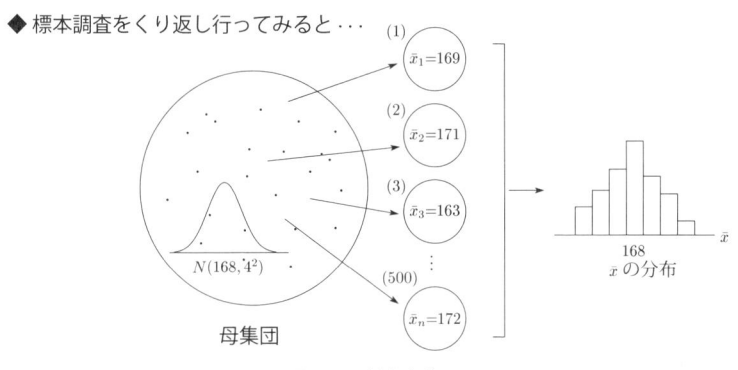

図 4.2 標本実験

4.3 標本平均の分布

さて標本平均の標本変動の様子を調べるために，前節で述べた標本実験を次のような想定の下で行ってみましょう．

1) 15歳の日本人男子の身長の分布が，平均 168 cm，標準偏差 4 cm の正規分布であるとします．
2) この正規母集団を使って3種類の標本調査を行ってみましょう．
   i) 調査 1：50 人を抽出し標本平均を計算します
   ii) 調査 2：500 人を抽出し標本平均を計算します
   iii) 調査 3：5000 人を抽出し標本平均を計算します
3) この3種類の調査をそれぞれ 500 回繰り返し，500 通りの標本平均を計算します．

図 4.3 は調査 1,2,3 それぞれを 500 回繰り返したときの標本変動の分布を表したものです．以上の標本実験から，以下のような特徴を読みとることができます．

(A) 標本平均は調査するごとに標本変動するものの，それらの平均は母集団の平均にほぼ等しい．
(B) さらに標本数 n が大きいほど標本平均の分布は母平均の周りの狭い範囲に集中している (言い換えれば標本平均と母平均の誤差は小さい).
(C) 標本平均の標本変動の3つのヒストグラムを滑らかな曲線で近似してみると図 4.3(4) のようになります．これを見ると3つの曲線は正規分布に近い形をしています．

(1) 標本数 $n = 50$

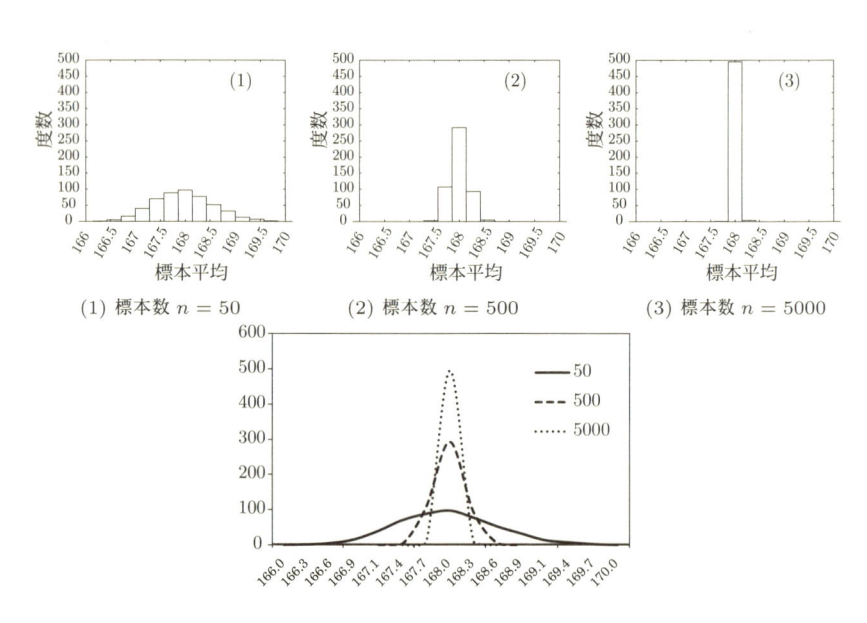

(2) 標本数 $n = 500$

(3) 標本数 $n = 5000$

(4) 3つの実験結果を1つのグラフにまとめたもの

図 4.3　標本平均の標本分布

これらの観察された特徴は，次のような数学的な定理の形にまとめられています(証明は省略します)．

定理 4.1 正規母集団 $N(\mu, \sigma^2)$ から得られた大きさ n の標本の標本平均 $\bar{X}$ は正規分布

$$\bar{X} \sim N\left(\mu, \frac{\sigma^2}{n}\right)$$

に従う．すなわち

(a) $\bar{X}$ の期待値は母平均 μ に等しい

(b) $\bar{X}$ の分散は $\frac{\sigma^2}{n}$ に等しい

(c) $\bar{X}$ の標本分布は正規分布に従う

定理が示しているこれら (a), (b), (c) の3点は，標本実験の結果 (A), (B), (C) とよく一致していることが分かります．

また母集団が正規分布でなくても十分大きな標本をとれば，標本平均は正規分布に従うことが数学的に証明されています．そのような例として区間 $[0, 1]$ の上で様々な値が一様に散らばっている**一様分布** (第3章の補論 3.1 を参照

してください) から大きさ $n = 3, 5, 10$ の 3 種類の標本を取り出してその平均を計算するという標本実験を 500 回繰り返し，500 個の平均を計算します．このとき，これら 500 個の平均の標本変動をヒストグラムにすると図 4.4 のグラフのようになりました．これらのグラフに示されている滑らかな曲線は平均 0.5 と分散 $\frac{1}{12n}$ を持つ正規分布です．

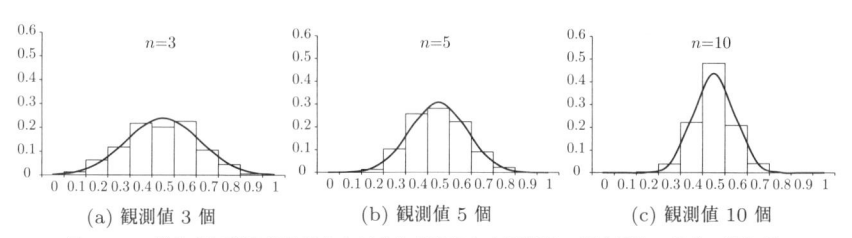

(a) 観測値 3 個   (b) 観測値 5 個   (c) 観測値 10 個

図 4.4 一様分布に従う母集団から無作為抽出された観測値の標本平均の分布 (繰り返し回数：500)
(ヒストグラムの柱の面積が相対度数になるように，縦軸は相対度数 ÷ 階級幅としてあります)

この 3 つのグラフより，一様分布からランダムに抽出された標本の標本平均は n が大きくなるに従って正規分布に近づいていくことを読みとることができます．この例では，n が 5 のときにすでにかなり正規分布らしくなっていますが，一般には母集団の分布が何であっても標本平均の標本分布は，n が大きいほど正規分布に近づきます．この事実は次のような定理の形で示されています．

定理 4.2 (中心極限定理) 母集団が正規分布でなくても，観測値の数 n が大きければ標本平均 $\bar{x}$ は近似的に正規分布に従う．

さて本章のはじめに「よい推定量を選ぶためには推定量の性質を知る必要があります」と述べましたが，ここまでの説明で推定量のよさを考察する準備ができました．推定量のよさを判断する一般的な基準として**不偏性，一致性，最小分散性**という 3 つの性質があります．この 3 つの性質を，未知の母平均 μ を推定量 $\bar{X}$ を使って推定する問題を例にとって説明してみましょう．

不偏性：$\bar{X}$ はランダムな標本変動を伴う確率変数ですから必ずしも推定したい母平均 μ に等しくありませんが，定理 4.1 の (a) で見たように $\bar{X}$ の期待値は母平均 μ に等しくなります．一般に推定量の期待値が推定したい未知母数に等しくなる性質を**不偏性**といい，不偏性を持つ推定量を不

偏推定量といいます．したがって $\bar{X}$ は母平均 μ の不偏推定量です．不偏性を持たない推定量は，偏りがある推定量と呼ばれます．

一致性：定理 4.1(b) から明らかなように，標本観察値の数が大きいほど $\bar{X}$ の分散は小さくなります．そして n が無限大のとき分散は 0 になります．分散が 0 ということは $\bar{X}$ は母平均の回りで標本変動しない，すなわち $\bar{X}$ は母平均に一致することを意味します (分散は平均の回りのばらつきを表す尺度だったことを思い出してください)．このように標本の大きさが無限に大きいとき推定量が未知母数にほぼ確実に一致する性質を一致性といい，一致性を持つ推定量を**一致推定量**といいます．

最小分散性：ある未知母数に対していくつかの推定量が存在するとき，それらの中で分散が最も小さい推定量は最小分散性を持つといい，そのような推定量を**最小分散推定量**といいます．推定量の分散が小さいということは，その推定量と推定したい未知母数との誤差が平均的に小さいということ意味しますから，この性質を持つことが望ましいことは明らかです．$\bar{X}$ は μ の最小分散推定量であることが知られています．不偏性と最小分散性を備えている推定量を**最小分散不偏推定量**といいます．

上に述べたように分散の推定量として，一般に (4.2) 式と (4.5) 式の 2 つのいずれかが用いられます．ここでは前者を S_b^2 で，後者を S_u^2 という記号で表すことにしましょう．またそれぞれの実現値，すなわち推定値を s_b^2 と s_u^2 とします．このとき S_b^2 は偏りのある推定量，S_u^2 は不偏推定量になることが数学的に証明されています．そのため後者は不偏分散推定量とも呼ばれます．ここではそれを証明する代わりに次のような標本実験で確認してみましょう．

1) 母集団を平均 168 cm，標準偏差 4 cm の身長分布を持つ正規母集団とします．
2) 標本の大きさ：1 回の標本調査で 5 人を無作為に抽出 ($n = 5$) し身長を測定します．
3) 得られた観測値から推定値 s_b^2 と s_u^2 を計算します．
4) 1 から 3 までを 200 回繰り返します．

この標本実験から，推定値 s_b^2 と s_u^2 が 200 個ずつ得られます．その結果，200 個の s_b^2 の平均は 13.4，不偏分散推定値 s_u^2 の平均 16.8 でした．推定したい母分散の真の値は 16 ですから，s_b^2 はかなり下方に偏っています．推定値 s_u^2 の平均はほぼ 16 ですから推定量 S_u^2 の不偏性が実験的に示されています．図 4.5 は S_b^2 と S_u^2 の標本変動を表しています．この図から推定値 s_b^2 の約 70%

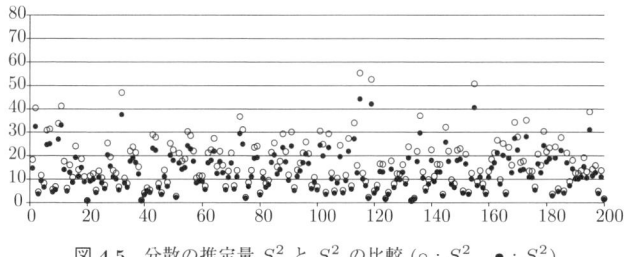

図 4.5 分散の推定量 S_b^2 と S_u^2 の比較 ($\circ : S_u^2$　$\bullet : S_b^2$)

は母分散 16 より下側に現れていることが読みとれますから,推定量 S_b^2 は下方に偏りを持っていることが実験的に示されました.

母分散の偏りのある推定値 s_b^2 の出現状況は図 4.5 の黒丸で示されています (横軸:実験回数,縦軸:推定値).ここで注意してほしいことは,この標本実験では標本の大きさが $n=5$ という小さい数だった点です.そして 2 つの推定量 S_b^2 と S_u^2 の違いは分母が前者では n,後者では $n-1$ という点でした.n が小さいときは $n-1$ で割るか n で割るかによって結果がかなり違います.上の例では $n=5$ でしたから $\frac{1}{n-1}=1/4=0.25$ と $\frac{1}{n}=1/5=0.2$ ですから相当な差があります.しかし,n が大きいとき,例えば 100 ならば,その差はほとんどありません.このように不偏性という性質は n が小さいとき顕著に表れる性質なので**小標本特性**といわれます.これに対して一致性という性質は n が非常に大きいとき現れる性質なので**大標本特性**といわれます.

4.4　標本比率の分布

次に,母集団に属する個体のうちある属性を持っている個体数の全個体数に対する比率を推定する場合を,世論調査の内閣支持率の推定を例にとって見てみましょう.標本の中である属性を持った個体数の比率を**標本比率**といいます.これに対して母集団全体の中である属性を持つ個体の比率を**母集団比率**といいます.ここでは標本比率から母集団比率を推定する問題を考えます.説明のために次のような想定のもとで標本実験を行ってみましょう.

1) 母集団における内閣支持率 (母集団比率) は 50% であると仮定します.
2) 3 種類の標本調査を繰り返し行います.
    i) 調査 1:50 人を抽出し標本比率を計算します
    ii) 調査 2:500 人を抽出し標本比率を計算します

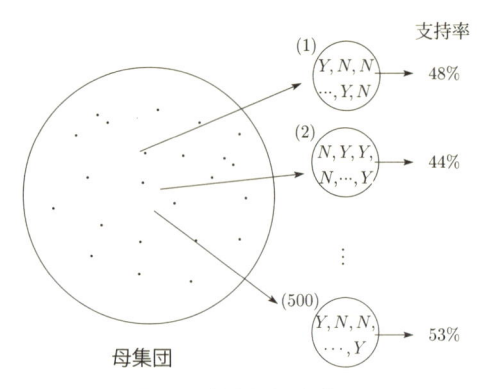

図 4.6 標本実験の概念図

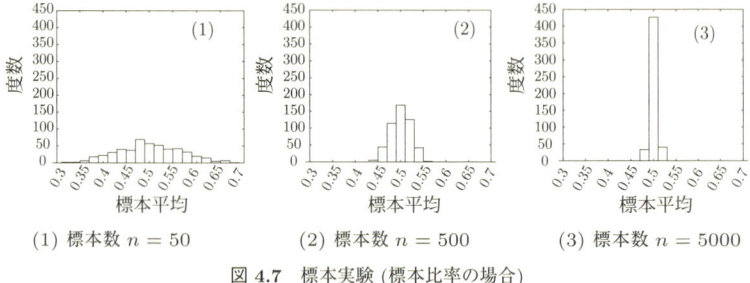

(1) 標本数 $n = 50$ (2) 標本数 $n = 500$ (3) 標本数 $n = 5000$

図 4.7 標本実験 (標本比率の場合)

iii) 調査 3：5000 人を抽出し標本比率を計算します

3) この 3 種類の調査をそれぞれ 500 回繰り返し，500 通りの標本比率を計算します．

　図 4.6 は母集団と標本との関係を概念的に表したものです．標本を表す小さい円の中の N は No の頭文字で「内閣を支持しない」と答えたことを表します．また Y は Yes の頭文字で「内閣を支持する」と答えたことを表します．例えばこの図で，1 回目の標本調査では標本に選ばれた人のうち 48% が「内閣を支持する」と答えたことを表しています．このような調査を 500 回繰り返すと 500 個の標本比率が計算されます．図 4.7 は，それら 500 個の標本比率の標本変動の様子を標本の大きさごとにヒストグラムにまとめたものです．

　これらの標本実験の結果を観察すると，標本比率の標本変動も正規分布らしく見えます．さらに標本数 n が大きいほど標本比率の分布は母集団比率の周りの狭い範囲に集中しています．言い換えれば標本比率と母集団比率の誤差が小さくなります．事実，標本比率が正規分布に従うことが数学的にも証明されており，その結果を定理の形で述べておきます．

定理 4.3 母集団比率を p とする．この母集団から大きさ n の標本を取り出したときの標本比率を $\bar{p}$ とする．このとき $\bar{p}$ は平均 p，分散 $\frac{p(1-p)}{n}$ の正規分布に従う．

4.5 区間推定

4.5.1 平均の区間推定

定理 4.1 で平均 μ，分散 σ^2 の正規母集団から抽出された大きさ n の標本の標本平均 $\bar{x}$ は正規分布 $\bar{x} \sim N\left(\mu, \sigma^2/n\right)$ に従うことを見ました．ここに μ は母平均，σ^2 は母分散，n は標本数です．ここで標本平均 $\bar{x}$ に標準化 (1.4) を施せば，第 3 章で述べた正規分布の性質から

$$z = \frac{\bar{x} - \mu}{\sigma/\sqrt{n}}$$

は平均 0，分散 1 の標準正規分布に従います．そして第 3 章で見たように，標準正規分布では z の値は $-1.96 \sim +1.96$ の間（以下では，この区間を $[-1.96, +1.96]$ と表すことにしましょう）に確率 0.95 (95%) で含まれます．それを式で表せば

$$P(-1.96 \leq z \leq +1.96) = 0.95$$

と書くことができます．ここで上式の ( ) の中の不等式に上で定義した z を代入し，整理すると

$$P\left(\bar{x} - 1.96\frac{\sigma}{\sqrt{n}} \leq \mu \leq \bar{x} + 1.96\frac{\sigma}{\sqrt{n}}\right) = 0.95$$

となります．この式は次のような意味を表しています．もし何度も（上の標本実験では 500 回）標本調査を行い，その都度計算される（500 個の）標本平均 $\bar{x}$ を使って計算される（500 個の）区間 $[\bar{x} - 1.96\frac{\sigma}{\sqrt{n}}, \bar{x} + 1.96\frac{\sigma}{\sqrt{n}}]$ を構成すれば，これらの区間は $\bar{x}$ に依存しているので区間そのものが標本変動して揺らぎます．そしてこれらの区間のうち（500 個の区間のうち）理論的には 95% (475 個) の区間は母平均を含んでいます．この区間のことを**信頼係数 95% の信頼区間**といいます．図 4.8 は，平均 168 cm，標準偏差 4 cm の正規母集団から 500 人抽出するという標本実験を 100 回行い，100 個の信頼区間を構成した結果を示しています．理論的にはこれら 100 個の区間のうち 5 個

図 4.8 区間推定の標本実験
区間を 100 回構成したとき，そのうち約 95 個の区間母平均 $\mu=168$ を含む (標本数 500 ($n=500$)，繰り返し 100 回の場合)

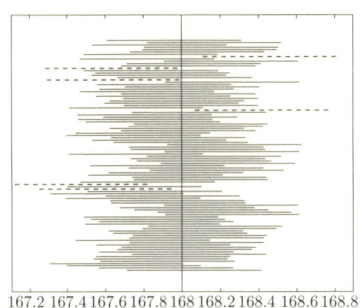

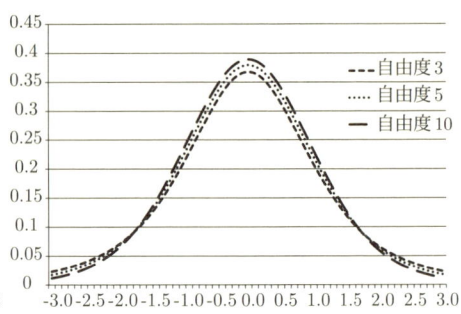

図 4.9 t 分布

は母平均を含まないのですが，標本実験では母平均を含まない区間 (図 4.8 の点線で示された区間) が 6 個になっています．このくい違いは理論と実験の誤差といってよいでしょう．

ここまでの説明では σ が既知でしたが，σ が未知の場合には，標準化 $z = \frac{\bar{x}-\mu}{\sigma/\sqrt{n}}$ の分母に現れる σ の代わりに，データから計算された不偏推定値 $s = \sqrt{\frac{\sum_{i=1}^{n}(x_i-\bar{x})^2}{n-1}}$ を代入し，$t = \frac{\bar{x}-\mu}{s/\sqrt{n}}$ を計算します．このとき t は正規分布ではなく，**t 分布**という分布に従うことが知られています．t 分布は正規分布に似た形をしていますが，分布形が標本数 n に依存することが知られています．t 分布では $n-1$ を**自由度**といい，分布の形状は自由度によって異なります．そして n が大きくなるにつれ t 分布は正規分布に近づいていきます (図 4.9 参照)．巻末の t 分布表を使って t 分布の確率を求めることができます．

4.5.2 比率の区間推定

4.4 節で標本比率 $\bar{p}$ は平均 p，分散 $\frac{p(1-p)}{n}$ の正規分布正規分に従うことを見ました．ここに p は母集団比率，n は標本の大きさです．しかしいま，母集団比率 p を推定する問題を考えているので p の値は当然未知ですから，分散 $\frac{p(1-p)}{n}$ も未知です．そこで p の代わりに標本比率 $\bar{p}$ を使って分散を $\frac{\bar{p}(1-\bar{p})}{n}$ で推定することにします．この推定された分散を使って標準化の式を

$$z = \frac{\bar{p}-p}{\sqrt{\frac{\bar{p}(1-\bar{p})}{n}}}$$

と書き換えれば，z は近似的に平均 0，分散 1 の標準正規分布に従うことが知られています．そして第 3 章で見たように，標準正規分布では z の値の 95%

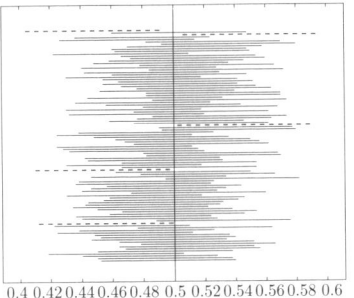

図 4.10 区間推定の標本実験

は $-1.96 \sim +1.96$ の区間に入ります．式で表せば

$$P(-1.96 \leq z \leq +1.96) = 0.95$$

と書くことができます．ここで上式の ( ) の中の不等式に上で定義された z を代入して，整理すると

$$P\left(\bar{p} - 1.96\sqrt{\frac{\bar{p}(1-\bar{p})}{n}} \leq p \leq \bar{p} + 1.96\sqrt{\frac{\bar{p}(1-\bar{p})}{n}}\right) = 0.95$$

となります．言い換えれば何度も (例えば 100 回) 標本調査を行い，その都度計算される (100 個の) 標本比率を使って計算される (100 個の) 区間

$$\left[\bar{p} - 1.96\sqrt{\frac{\bar{p}(1-\bar{p})}{n}},\ \bar{p} + 1.96\sqrt{\frac{\bar{p}(1-\bar{p})}{n}}\right]$$

のうち 95% の区間は母平均を含んでいます[*1]．この区間を**信頼係数** 95% 信頼区間といいます．その意味は平均の区間推定と同様に解釈されます．図 4.10 は母集団比率 0.5，標本の大きさ 100 の標本実験を 100 回行い，100 個の区間を構成した結果です．この場合では 100 個の信頼区間のうち点線で示された 5 個の区間は真の母集団比率を含んでいません．

4.6 仮 説 検 定

統計的仮説検定という考え方をコイン投げの例を使って説明してみましょ

[*1] 区間推定の場合も第 3 章で説明した不連続補正を行うと

$$\left[\bar{p} - 1.96\sqrt{\frac{\bar{p}(1-\bar{p})}{n}} - \frac{1}{2n},\ \bar{p} + 1.96\sqrt{\frac{\bar{p}(1-\bar{p})}{n}} + \frac{1}{2n}\right]$$

となることが示されます．

う. いまコインの表が出れば相手の勝ち,裏が出ればあなたの勝ちとする賭けをしたとします. この賭けを 10 回行ったとき,10 回中 9 回表が出てあなたが賭けに負けたとしましょう. 表の出る確率 p が 0.5 のとき,10 回中 9 回以上表が出る確率は表 2.3 に示したように 0.0107 です.

さてこのときあなたは,「確率 0.01 程度の低い確率の現象が運悪く起こって賭けに大敗したのだ」, と素直に引き下がりますか. それとも「このコインは表が出やすいように仕掛けがしてあるのではないか」と疑いますか. 統計学では「こんなに低い確率の現象が起こってしまった, 運が悪かった」とは考えずに「このコインの表が出る確率が $p = 0.5$ という前提が間違っているのではないか」と疑います. 統計学では, $p = 0.5$ という前提のことを帰無仮説といいます. また帰無仮説を否定した仮説 $p \neq 0.5$ を対立仮説といいます. そして帰無仮説が正しいと仮定したとき, 現実に起こったことが 0.05 (または 0.01) 以下の確率でしか起こらない稀な現象であるならば, 帰無仮説のほうを疑い, それを受け入れることを拒否します. これを「帰無仮説を棄却する」といいます. コインの表が出る確率が 0.5 と思われているとき, 10 回コインを投げて 9 回も表が出たとすれば, 多くの人は現実にはほとんど起こりそうもないことが起こったと感じるでしょう. 言い換えれば, 多くの人が, このような結果が出たとき, 表の出る確率が 0.5 という前提は疑わしいと思うでしょう. 要するに仮説検定の考え方は, めったに起こりそうもない現実離れした事象が起こった場合には, 当然と考えられていた前提を疑うという常識的判断を定式化したものといえます.

次に母集団の母平均に関する仮説検定について, 平均身長の仮説検定を例にとって見てみましょう. ある男子大学生の母集団の平均身長について仮説検定を行いたいとします. いま「母集団の平均は $\mu = 170\,\mathrm{cm}$ である」という仮説 (帰無仮説) を立てたとします. この仮説を検定するために母集団からランダムに 10 人抽出し, 標本平均 $\bar{x}$ と標本分散 s^2 を計算したら

$$\bar{x} = 175, \quad s^2 = 5$$

であったとしましょう. もし仮説が正しいとすれば定理 4.1 より標本平均 $\bar{x}$ は平均 $170\,\mathrm{cm}$, 分散 $\frac{\sigma^2}{10}$ の正規分布に従います. しかしながら, 母集団の分散 σ^2 は未知であるため, σ^2 の代わりにその不偏推定値 s^2 を代入して

$$t = \frac{\bar{x} - \mu}{\sqrt{s^2/n}}$$

を計算します．そして t は自由度 $n-1=9$ の t 分布に従います．この式の分子は標本から得られた実現値 $\bar{x}=175\,\text{cm}$ と仮説の値 $\mu=170\,\text{cm}$ との差が $5\,\text{cm}$ であることを表しています．標本平均は観測値から現実に計算された値ですから，$\bar{x}$ は現実を表しています．そうするとこの t 値の分子は現実と仮説との差を表しているといえるでしょう．もし，帰無仮説が正しければ，現実の値と帰無仮定の値との差は 0 に近いと考えられます．

　統計学では，仮説 μ と実現値 $\bar{x}$ が大きくかけ離れている場合は，現実 ($\bar{x}$) は仮説 (μ) を支持していないと見なして，仮説は受け入れられない (棄却) と判断します．また逆に仮説 μ と $\bar{x}$ の差が小さい場合は，現実 ($\bar{x}$) は仮説 (μ) を支持していると見なして，仮説は受け入れられる (採択) と判断します．統計的検定の考え方は以上のとおりですが，現実と仮説との差に $\bar{x}-\mu$ の大きさを判断するためには何らかの物差し (基準) が必要です．そのための基準として $\bar{x}$ の標準偏差の推定値 $\sqrt{s^2/n}$ (標準誤差といいます) が用いられます．そして $\bar{x}-\mu$ を標準誤差で割った値 (t 値とよばれます) $t=\dfrac{\bar{x}-\mu}{\sqrt{s^2/n}}$ の大小によって現実と仮説との距離を測ります．このように定義された t 値は，81 頁の 4.5.1 項で述べたように自由度 $n-1$ の t 分布に従います．つまり現実と仮説の差 $\bar{x}-\mu$ の大きさを判断するために，この差を標準誤差で割ることによって t 分布という物差しに当てはめて判断しようというわけです．t 分布の値はほとんどの場合，せいぜいプラスマイナス 3 の範囲に入りますから，大まかにいえば，t 値がプラスマイナス 1 以内であればさほど大きいとはいえませんが，t 値がプラスマイナス 2 以上であればかなり大きいと考えられます．そして t 値が 0 に近ければデータ (現実) は仮説を支持していると考えられます．また t 値がプラスまたはマイナスに大きく偏っていればデータ (現実) は仮説を支持していないと考えられます．上の標本調査の例に関して t 値を計算すると

$$t=\frac{175-170}{\sqrt{5/10}}=7.07$$

となります．したがって上で計算された $t=7.07$ は非常に大きい数だと判断されます．ところで t 分布という物差しに当てはめて t 値の大小を判断するといっても，この物差しは自由度によって形状が異なりますから，t 値はある自由度の下では大きいと判断され，他の自由度の下では大きくないと判断されるかもしれません．

　この点も考慮して統計学ではもう少し精緻な形に整理して，t 値の大小の

判断基準を次のように定めています．すなわちある自由度を持つ t 分布の横軸上のある正の値 t^* に対して t 値が t^* 以上または $-t^*$ 以下の値をとる確率 α が 0.05 (または，0.01 とする場合もありますが，当面 0.05 の場合を説明します) となるとき，式で書けば

$$P(t \leq -t^* \text{ または } t \geq t^*) = 0.05$$

となるとき t 値は大きいと判断することにします．この $\pm t^*$ を**臨界値**といいます．t 分布は左右対称ですから，t 値が t^* 以上となる確率と $-t^*$ 以下となる確率は $\alpha = 0.05$ の半分の $\alpha/2 = 0.025$ となります (図 4.11 を参照)．このとき α を**有意水準**といいます．慣例的に α の値として 0.05 または 0.01 が用いられます．統計的検定ではまず有意水準 α を固定して，次にいろいろな自由度の t 分布に対してこの有意水準に対応する臨界値を求めます．

例えば先の例では，t は自由度 9 の t 分布でしたから，巻末の t 分布表から $\alpha/2 = 0.025$ に対応する点は $t^* = 2.262$ であることが分かります．したがって t 値が 2.262 以上になるかまたは -2.262 以下になれば，データは仮説を支持していないと見なされ，仮説は棄却されます．このように仮説が棄却される t の領域を**棄却域**といいます．この例のようにプラスとマイナス側に棄却域が設けられる検定を**両側検定**といいます．この例ではデータから計算された t 値は 7.07 ですから，はるかに臨界値 2.262 を超えています．したがって帰無仮説 $\mu = 170$ は棄却されます．このような判断を有意水準 $\alpha = 0.05$ と関連づけて表現すれば

「t 値が臨界値 2.262 を超えるほど大きいという結果は，確率 0.025 $(= \frac{\alpha}{2} = \frac{0.05}{2})$ 以下の非常に稀な現象である．そのような稀な現象が起こったと考えるより，仮説が間違っていたと考えるほうが自然である．だから仮説を棄却する．」

となります．この解釈から t 値の大小の判断の基準は実は有意水準であることが分かります．以上の推論を統計学では「有意水準 $\alpha = 0.05$ で帰無仮説 $\mu = 170$ は棄却される」，または「有意水準 $\alpha = 0.05$ で母平均は有意に帰無仮説 $\mu = 170$ とは異なる」といいます．また，このような仮説検定を**有意水準 0.05 の仮説検定**といいます．

以上の仮説検定の手順を整理しておきましょう．

1) 検証したい仮説 (帰無仮説) と対立仮説を設定します．
2) 仮説を棄却するかどうかの基準の値 (有意水準) を設定します (0.05 ま

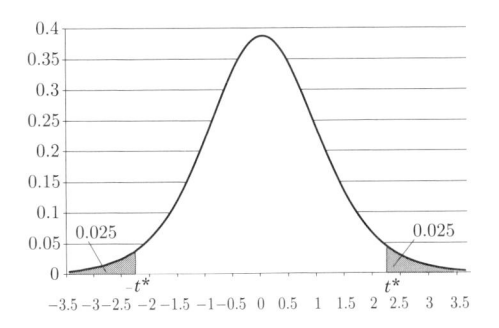

図 4.11　自由度 9 の t 分布と有意水準 $\alpha = 0.05$ に対する臨界値 t^*

たは 0.01).
3) 実際のデータから $\bar{x}$, s^2 を計算します.
4) $t = \frac{\bar{x} - \mu}{\sqrt{s^2/n}}$ を計算します.
5) t 分布表を用いて自由度と有意水準から臨界値を求めます (両側検定のときは臨界値がプラス側とマイナス側に 2 つあります. 後で説明する片側検定ではプラス側かマイナス側に 1 つしかないことに注意).
6) t 値が臨界値を超えていたら帰無仮説を棄却します.

さて上の例で, 本当は帰無仮説 $\mu = 170$ (母平均は 170 cm) が正しいにもかかわらず, 標本調査で偶然にも身長の高い生徒ばかりが選ばれてしまい, 標本平均が 175 になったとしたら, t 値が 7.07 となりますから, 帰無仮説が正しいにもかかわらず棄却されてしまいます. このように帰無仮説が正しいにもかかわらず帰無仮説を棄却するという誤りを**第 1 種の誤り**といいます. これとは逆に, 母集団における真の平均は 170 cm ではない (例えば 168 cm) のとき, 母平均は 170 cm という帰無仮説を立てて, それを採択してしまうということも起こりえます. そのときは正しくない帰無仮説を正しいとして受け入れてしまうのですから, 誤った決定をすることになります. このように正しくない帰無仮説を採択するという誤りを**第 2 種の誤り**といいます. この 2 つの誤りを整理すると次のようになります. ここまでは帰無仮説が正しいか正しくないかという観点から説明してきましたが, 上で述べたように帰無仮説を否定したものを対立仮説といいます.

ここまでの例では, 帰無仮説 $\mu = 170$, 対立仮説 $\mu \neq 170$ です. この対立仮説は平均は 170 cm でなはいとと述べているだけで, 170 cm より高いか低いかは問題にしていません. しかし問題によっては対立仮説を高いか低い

表 4.1 仮説検定の 2 種類の誤り

	帰無仮説を採択する	帰無仮説を棄却する
帰無仮説が正しい	正しい判断	第 1 種の誤り
帰無仮説は正しくない (対立仮説が正しい)	第 2 種の誤り	正しい判断

か一方に限定できる場合もあります．例えば当面の検定問題では平均身長が 170 cm より低い場合は考慮する必要がないとしましょう．このような場合は，対立仮説を母集団の平均身長は 170 cm より高い場合だけ考えればよいので対立仮説は $\mu > 170$ と表現できます．このときは，t 値が正の側だけ考えればよいので，t 分布の右側の比率が 0.05 となる点を臨界値とします．自由度 9 の右側の比率が 0.05 となる臨界値は t 分布表から 1.833 であることが分かります．t 値がこの臨界値を超えれば帰無仮説 $\mu = 170$ は棄却されます (その結果母平均は 170 cm 以上と判断されます)．標本平均が 175 cm のとき t 値は 7.07 なので臨界値 1.833 をはるかに超えていますので帰無仮説 $\mu = 170$ は棄却され，対立仮説 $\mu > 170$ が採択されます．このような検定を右片側検定といいます．もし平均身長が 170 cm より低い場合だけが考慮すればよい場合には対立仮説は $\mu < 170$ と表現できます．この場合は t 値が -1.833 より小さければ帰無仮説は棄却されます．このような検定を左片側検定といいます．

補論 4.1　適合度の検定

第 2 章の図 2.12 や図 2.13 から，視覚的に実現値がポアソン分布によく適合していることが分かります．視覚的判断は客観性に問題があります．もう少し客観的に数値で適合度を表す方法として，適合度の検定という次の式に基づいて判断する方法があります．

$$適合度 = \sum_{i=1}^{k} \frac{(実現値_i - 理論値_i)^2}{理論値_i}$$

この式の値が小さいときは，理論値と実現値の差が総じて小さいことを意味するので，理論は現実によく適合していると判断されます．この値が大きい場合は，理論は現実にそぐわないといえます．この式で定義される適合度は**自由度** $k-1$ **のカイ 2 乗分布**に従うことが知られています (カイ 2 乗分布については第 3 章の補論 3.2 を参照してください)．適合度を表すこの指標の大小の判断基準として，カイ 2 乗分布の右側の比率が 0.05 または 0.01 となる横軸の値が臨界値として用いられます．

例 2.8 で取り上げた日本人ノーベル賞受賞者数の理論値と実現値で確かめてみる

表 4.2 日本人ノーベル賞受賞者数のポアソン分布への適合度の計算

A(理論度数)	B(観測度数)	$B-A$	$(B-A)^2$	$(B-A)^2/A$
48.30973453	50	1.690265473	2.856997368	0.059139165
13.58711284	11	-2.587112836	6.693152825	0.492610381
1.910687743	2	0.089312257	0.007976679	0.004174769
0.179126976	1	0.820873024	0.673832522	3.761759046
0.012594865	0	-0.012594865	0.000158631	0.012594865
0.000708461	0	-0.000708461	5.02×10^{-7}	0.000708461

適合度＝4.33098

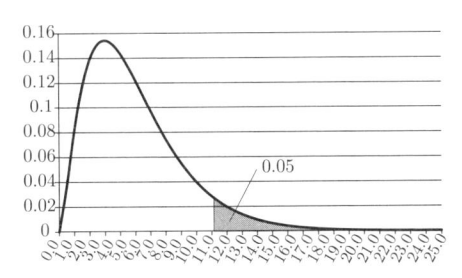

図 4.12　自由度 5 のカイ 2 乗分布

と，表 4.2 に計算されているように適合度は 4.331 となりました．この値は自由度 5 のカイ 2 乗分布の 5％ 臨界値 11.1 より小さいので理論値と実現値との乖離は小さいと判断されます．したがって日本人ノーベル賞受賞者数はポアソン分布によく適合していると判断されます．

正規分布の適合度の検定も同様な考え方に則して行うことができます．詳しくは専門書を参考にしてください．

練習問題

[1] 正規分布 $N(10,4)$ に従う母集団から大きさ 16 の無作為標本をとりました．
  ① 標本平均 $\bar{X}$ の標本分布はどんな分布ですか．またその分布の期待値と分散はいくらですか．
  ② このとき，標本平均 $\bar{X}$ が区間 $[9.25, 10.5]$ に入る確率 $P(9.25 \leq \bar{X} \leq 10.5)$ を求めなさい．

[2] 分散が既知の正規分布 $N(\mu, 25)$ に従う母集団から大きさ 144 の無作為標本をとり，標本平均 $\bar{X}$ を計算すると $\bar{X}=150$ であったとします．
  ① μ の 95％信頼区間を求めなさい．
  ② μ の 99％信頼区間を求めなさい．
  ③ 標本の大きさが 64 であるとき，μ の 95％信頼区間を求めなさい．

[3] LED ランプを生産しているラインから無作為に 25 個を選び，寿命を計った

ら平均 40000 時間,標準偏差 2000 時間でした.平均寿命を μ として以下の問いに答えなさい.

① μ の 90%信頼区間を求めなさい.
② μ の 95%信頼区間を求めなさい.
③ 誤差を ±100 時間にするためには,何個のサンプルが必要になりますか.

[4] (LED ランプの続き) LED ランプの生産で技術革新が起こり,技術革新後にラインから無作為に 100 個を選び寿命を計ったら平均 41000 時間,標準偏差は変わらず 2000 時間でした.従来の方法で生産されたランプの平均寿命が 40000 時間であるとき,技術革新により平均寿命が延びたかどうかを有意水準 5%で検定しなさい.

[5] 母平均 μ,母分散 σ^2 を持つ母集団から得られた標本観測値 $x_1, x_1, \cdots, x_n$ の中央値を $\tilde{x}$ とします.このとき,$\tilde{x}$ を使って母平均 μ を推定することも可能です.また理論的には標本数 n が十分大きければ,$\tilde{x}$ の標本分布は平均 μ,分散 $\pi\sigma^2/2n$ の正規分布になることが知られています.ところで,実際には,μ の推定には算術平均 $\bar{x}$ が使われ,$\tilde{x}$ が使われることはありません.その理由を (1) 計算の容易さ,(2) 推定の精度の 2 つの観点から述べなさい.

[6] 成功の確率が p であるようなベルヌーイ試行を 10 回繰り返したときの成功の回数を X で表すことにします.表 2.3 は $p = 0.5$ の場合,表 2.5 は $p = 0.4$ の場合,10 回中 X 回成功する確率を表しています.いま,ある有権者の母集団における内閣支持率 p に関して仮説検定を行うために,この母集団から 10 人の有権者をランダムに抽出したとき,その中に内閣支持者が X 人いる確率はこれらの表から求めることができます.いま母集団の内閣支持率の真の値 p について,帰無仮説 $H_0: p = 0.5$ を検定する場合を想定して,以下の問いに答えなさい.

① 対立仮説を $H_1: p < 0.5$,臨界値を $X = 4$ とするとき,帰無仮説が棄却される確率はいくらですか (ヒント:X が 4 以下の値をとれば,帰無仮説 H_0 は棄却されます.したがって帰無仮説の下で,X が 4 以下の値をとる確率を求めてください).

② この母集団の真の内閣支持率は $p = 0.4$ であるとしましょう.このときは,帰無仮説 $H_0: p = 0.5$ は間違っていることになります.この間違った仮説を採択するという誤り (第 2 種の誤り) を犯す確率はいくらですか (ヒント:X が 5 以上の値をとるとき,間違った仮説が採択されます.そのような結果が起こる確率を,真の確率 $p = 0.4$ の下での計算してください).

③ 誤っている仮説を棄却できた場合は,誤りを正しく検出できたことになります.このように誤りを誤りとして正しく検出する確率を検出力といいます.検出力は 1 − 第 2 種の誤りの確率 に等しくなります.では上の問い②の検出力はいくらになりますか.

5 相関係数と回帰係数

5.1 相関係数
5.2 回帰係数
5.3 回帰係数の標本分布と区間推定
5.4 回帰係数の検定
◇ 補論 5.1　2 変量正規分布
◇ 補論 5.2　Excel による回帰分析の方法

5.1 相関係数

実際のデータ分析では 2 変数以上の関係を分析したい場合が多くあります．多変数の関係を分析する統計学の分野は多変量解析と呼ばれますが，それは本書のレベルを超えるので，この章では 2 変数の関係に的を絞って説明することにします．表 5.1 のデータは総務省による平成 22 年 9 月の勤労者世帯年間収入十分位階級別 1 世帯当たり 1 か月間の収入と支出です．以下では単に収入と支出ということにしましょう．

表 5.1　勤労者世帯年間収入十分位階級別 1 世帯当たり 1 か月間の収入 (X) と支出 (Y) (総務省) 単位：円

| 世帯主収入 | 192,574 | 238,287 | 274,947 | 302,961 | 329,687 |
| 消費支出 | 179,634 | 214,982 | 254,023 | 250,298 | 272,183 |

| 世帯主収入 | 359,372 | 399,810 | 439,458 | 461,048 | 558,764 |
| 消費支出 | 292,712 | 333,449 | 380,471 | 406,561 | 490,053 |

さてこの表から収入と支出との間にどのような関係があるかを知りたいとします．そのためには，横軸を収入 (X)，縦軸を支出 (Y) とする平面に，表 5.1 の収入と支出のペア (X,Y) をプロットした図 5.1 のようなグラフを描いてみると，おおよその傾向が見えてきます．このような図を散布図といいます．

この散布図からおおよその傾向として収入が高い所得階級では支出も高い

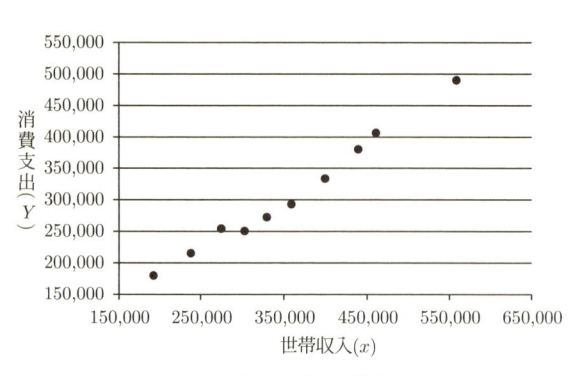

図 5.1 収入と支出の散布図

傾向 (右肩上がりの傾向) があることが分かります．このように変数 X が大きくなると変数 Y も大きくなる傾向があるとき，2 つの変数 X と Y の間には正の相関があるといいます．2 つの変数の間の関連性の強さ (相関の強さ) と右下がりか，右上がりかという傾向の方向性を表す指標として**相関係数** r_{xy} と呼ばれるものがあり，それは観察値 (x,y) を使って以下の式によって計算されます．

$$r_{xy} = \frac{(x_1-\bar{x})(y_1-\bar{y}) + (x_2-\bar{x})(y_2-\bar{y}) + \cdots + (x_{10}-\bar{x})(y_{10}-\bar{y})}{\sqrt{(x_1-\bar{x})^2+(x_2-\bar{x})^2+\cdots+(x_{10}-\bar{x})^2} \times \sqrt{(y_1-\bar{y})^2+(y_2-\bar{y})^2+\cdots+(y_{10}-\bar{y})^2}}$$

この公式は合計を表す $\sum$ 記号を使えば

$$r_{xy} = \frac{\sum_{i=1}^{10}(x_i-\bar{x})(y_i-\bar{y})}{\sqrt{\sum_{i=1}^{10}(x_i-\bar{x})^2}\sqrt{\sum_{i=1}^{10}(y_i-\bar{y})^2}} \tag{5.1}$$

と表されます．この式に現れる記号の意味は以下のとおりです．第 i 収入階級を例にとれば，

- x_i：第 i 階級の収入
- y_i：第 i 階級の支出
- $\bar{x}$：勤労者世帯の平均収入
- $\bar{y}$：勤労者世帯の平均支出
- $(x_i - \bar{x})$：収入の平均偏差
- $(y_i - \bar{y})$：支出の平均偏差

相関係数の値と相関の強さとの関係はおおよそ次のように表されます．

- $+0.7 \sim +1.0$ または $-0.7 \sim -1.0$ $\cdots$ 強い相関がある

- $+0.4 \sim +0.7$ または $-0.4 \sim -0.7$ $\cdots$ 中程度の相関がある
- $+0.2 \sim +0.4$ または $-0.2 \sim -0.4$ $\cdots$ 弱い相関がある
- $+0.0 \sim +0.2$ または $-0.0 \sim -0.2$ $\cdots$ ほとんど相関がない (または無相関)
- 相関係数がプラス $\Rightarrow$ 正の相関，右肩上がりの傾向
- 相関係数がマイナス $\Rightarrow$ 負の相関，右肩下がりの傾向

図 5.2 は相関係数と相関の程度を視覚的に表したものです．グラフ (1) は無相関，(2) は中程度の正の相関，(3) は強い正の相関，(4) は中程度の負の相関がある例です．

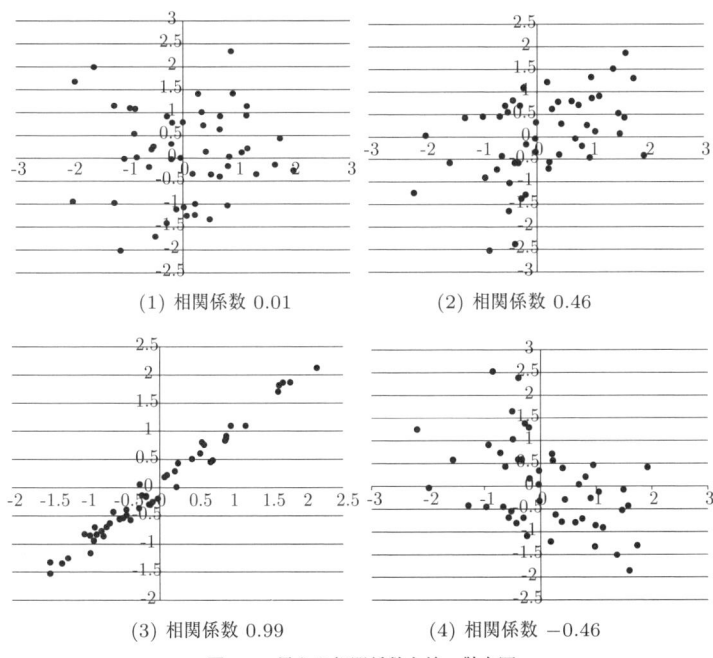

(1) 相関係数 0.01　　(2) 相関係数 0.46

(3) 相関係数 0.99　　(4) 相関係数 -0.46

図 **5.2** 異なる相関係数を持つ散布図

関数電卓や表計算ソフトにデータを入力すれば即座に相関係数の値が返ってきますが，ここでは理解を深めるために次のような表 5.2 を使って計算過程を確認しておきましょう．上段の左端から収入，支出，収入の平均偏差，下段の左端から支出の平均偏差，収入の平均偏差と支出の平均偏差の積，収入の平均偏差の 2 乗，支出の平均偏差の 2 乗です．表 5.2 の最下段の (a), (b), (c) はそれぞれの欄の合計です．すなわち

(a)：収入の平均偏差と支出の平均偏差の積の合計
(b)：収入の平均偏差の 2 乗の合計
(c)：支出の平均偏差の 2 乗の合計

これらの合計を相関係数の公式に代入すれば

$$相関係数 = \frac{(a)}{\sqrt{(b)(c)}} = 0.9916$$

が得られます．

表 5.2 相関係数の計算

収入 (x)	支出 (y)
192574	179634
238287	214982
274947	254023
302961	250298
329687	272183
359372	292712
399810	333449
439458	380471
461048	406561
558764	490053
$\bar{x} = 355691$	$\bar{y} = 307437$

$x - \bar{x}$	$y - \bar{y}$	$(x-\bar{x})(y-\bar{y})$	$(x-\bar{x})^2$	$(y-\bar{y})^2$
-163117	-127803	20846751144	26607090442	16333504567
-117404	-92455	10854521367	13783652254	8547853061
-80744	-53414	4312817036	6519561238	2853012665
-52730	-57139	3012906950	2780431808	3264819610
-26004	-35254	916727563	676197614	1242816313
3681	-14725	-54204197	13551233	216813845
44119	26012	1147646278	1946503809	676644954
83767	73034	6117887192	7016943796	5334023583
105357	99124	10443469236	11100139592	9825646675
203073	182616	37084496720	41238724558	33348749549
		(a)94683019289	(b)111682796346	(c)81643884822

5.2 回帰係数

もう一度，収入と支出の散布図 (図 5.1) を眺めてみると，グラフの各点は，1 本の右上がりの傾向線の周りに散在しているように見えます．この傾向を表す直線を当てはめる方法として最もよく使われる最小 2 乗法という方法が

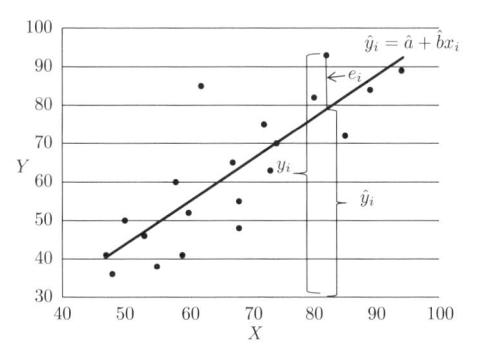

図 5.3　回帰直線のあてはめ

あります．最小 2 乗法の基本原理は次のようなものです．まず，X と Y の間には理論的に

$$Y = a + bX \tag{5.2}$$

という真の関係があると想定します．このとき X を説明変数，Y を被説明変数といいます．そして，現実には理論的な関係が不規則な確率的変動要因 u により撹乱されていると考えます．u を**撹乱項**といいます．撹乱項 u を取り入れて第 i 階級の収入と消費の関係式を改めて

$$Y_i = a + bX_i + u_i \tag{5.3}$$

と表します．そして，この式を消費 Y と収入 X の関係を表す**消費関数**といいます (この撹乱項 u に関する仮定とその役割については後に詳しく説明します)．(5.3) 式のような想定のもとで，X と Y が図 5.3 の黒い点で表されるように散布したとしましょう．ただしこの段階ではまだ係数 a と b の値は分かっていない状況を想定しています．この散布図から (5.3) 式の未知の係数 a, b の値が何らかの方法で推定できたとしましょう．係数の推定値を $\hat{a}, \hat{b}$ とおき，観察値から推定された直線を

$$\hat{y}_i = \hat{a} + \hat{b} x_i \tag{5.4}$$

と書くことにします．図 5.3 に書き込まれた直線はこの推定された直線を表しています．ここで推定された直線と散布図上の第 i 番目のデータの座標 (x_i, y_i) との垂直方向の距離を e_i とし，これを**残差**と呼びます．$\hat{y}_i$ を使えば残差は

$$e_i = y_i - \hat{y}_i \tag{5.5}$$

となります．残差の定義から直線より上側にある点の残差は $e_i > 0$，下側にある点の残差は $e_i < 0$，直線上の点は $e_i = 0$ となります．

最小 2 乗法とは，この残差の 2 乗和が最小になるように直線を選ぶ方法です．最小 2 乗法で求められた直線の係数推定値は次の公式で表されますが，その証明は省略します．

$$\hat{b} = \frac{\sum_{i=1}^{n}(x_i - \bar{x})(y_i - \bar{y})}{\sum_{i=1}^{n}(x_i - \bar{x})^2}, \quad \hat{a} = \bar{y} - \hat{b}\bar{x} \tag{5.6}$$

表 5.2 の (b) がこの式の分母に，(a) が分子になります．この式の分子に表 5.2 の (a) を，分母に (b) を結果を代入すると，

$$\hat{b} = \frac{94683019289}{111682796346} = 0.848, \quad \hat{a} = 307437 - 0.848 \times 355691 \simeq 5887$$

が得られます．この結果，推定された回帰直線は

$$\hat{y}_i = \hat{a} + \hat{b}x_i = 5887 + 0.848 x_i \tag{5.7}$$

となります．この関係式 $\hat{y}_i = \hat{a} + \hat{b}x_i$ を**回帰式**といいます．
また残差の定義 $e_i = y_i - \hat{y}_i$ から残差の 2 乗和は

$$\sum_{i=1}^{n} e_i^2 = \sum_{i=1}^{n}(y_i - \hat{y}_i)^2$$

と表されます．先の例では $\hat{y}_i$ と残差 e_i は下の表のようになりました．

観測値 y	$\hat{y}$	残差 e
179634	169148.59	10485.41
214982	207903.4	7078.6
254023	238983.2	15039.8
250298	262733.06	-12435.06
272183	285390.96	-13207.96
292712	310557.47	-17845.47
333449	344840.2	-11391.2
380471	378453.19	2017.81
406561	396756.87	9804.13
490053	479599.05	10453.95

この結果から残差 2 乗和は

$$\sum_{i=1}^{n} e_i^2 = 1373024537$$

となります．

(1) $R^2 = 0.99$　(2) $R^2 = 0.69$

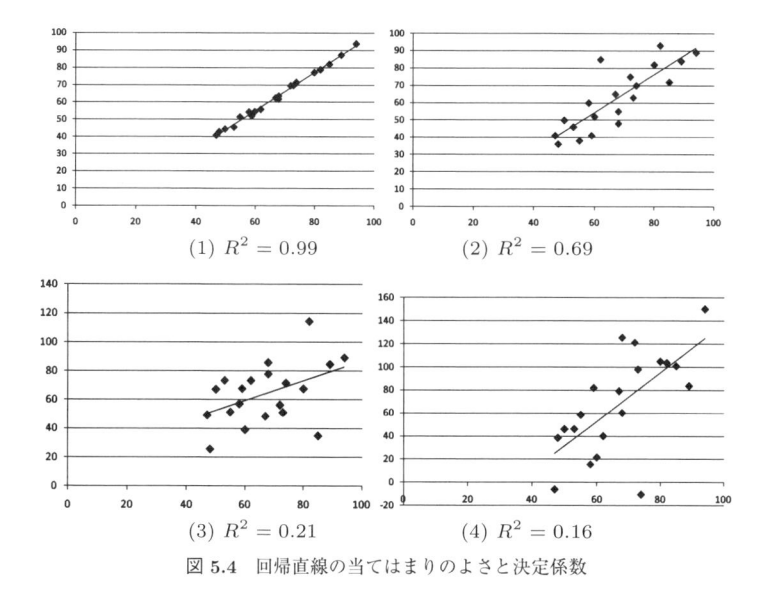

(3) $R^2 = 0.21$　(4) $R^2 = 0.16$

図 5.4　回帰直線の当てはまりのよさと決定係数

散布図に直線を当てはめるとき，散布図上のデータに強い相関がある場合と弱い相関がある場合では，直線のあてはまりのよさの程度に違いが出てきます (図 5.4 参照). 図 5.4 の中に記された R^2 は，当てはまりのよさの程度を表す**決定係数**と呼ばれる尺度です．決定係数 R^2 は以下の公式で計算されます．

$$R^2 = 1 - \frac{残差の2乗和}{(y-\bar{y})^2 の合計} \tag{5.8}$$

この係数は必ず 0 と 1 の間の値をとるように作られています．そして 1 に近いほど当てはまりがよく，0 に近いほど当てはまりが悪くなります．次の図 5.5 は，横軸に世帯主収入 (X) を，縦軸に消費支出 (Y) をとった散布図に最小 2 乗直線を当てはめたものです．この直線は推定された消費関数を表しています．式で示せば

$$Y = 5887 + 0.848X, \quad 決定係数\ R^2 = 0.983$$

となります．消費関数の勾配を表す係数 (限界消費性向) 推定値 0.848 は，平均的に世帯の所得が 1 円増えると消費が 0.848 円増えることを表しています．また定数項 5887 の意味は，所得がない場合 ($x = 0$) でも生活費として最低限 5887 円が必要であることを意味しています．これを基礎消費といいます．

ところで攪乱項は被説明変数 (y) の変動のうち説明変数 (x) では説明でき

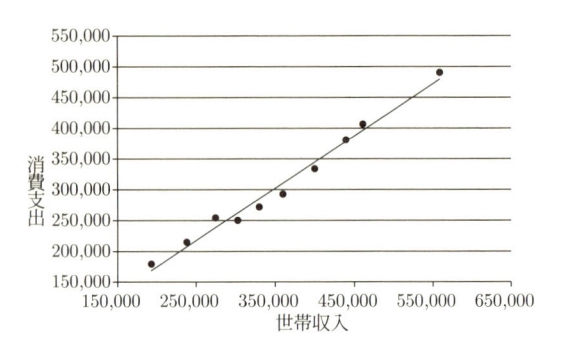

図 5.5 消費関数の推定

ない確率的な偶然変動を表すために導入されました．また回帰直線を当てはめたときに計算される残差は攪乱項 u の推定値と考えられます．想定されたモデル (5.3) 式が正しいならば残差もまた確率的な偶然変動のような変動を示すはずです．ところが実証分析ではしばしば残差に規則的に見える変動が現れる場合があります．そのような場合は右辺に取り上げられた説明変数だけでは説明しきれなかった系統的な変動が残っていると考えられます．言い換えれば回帰モデルが不完全である証拠と考えられます．

残差にみられる典型的な系統的な変動は自己相関 (または系列相関．自己相関については次章で少し詳しく説明します) といわれる変動があります．次に残差の自己相関がある例を示しましょう．図 5.6 は横軸を失業率 (X)，縦軸を消費者物価指数 (CPI) の対前年上昇率 (Y) とする平面に，各年の X と Y のペア (X, Y) をプロットした図です．この図から CPI 上昇率と失業率の間には右下がりの傾向が見られます．これを経済学ではフィリップス曲線といいます．最小 2 乗法で推定した結果，回帰式は $y_t = 4.1099 - 10.73217 x_t$ と推定されました．残差 e_t は定義より $y_t - \hat{y}_t$ と計算されます．横軸に時間を，縦軸に残差をとってグラフを描いてみると図 5.7 のようになりました．

このグラフから，この事例では残差は純粋な偶然変動ではなく，系統的な変動を含んでいるように見えます．

以上のような考察から，回帰モデルの適切性を判定するためには少なくとも残差に規則的な変動要因が残っていないかどうかを検定することが望ましいと考えられます．このような目的のための検定として最もポピュラーなものにダービン・ワトソン検定といわれるものがあります．この検定の理論的背景は本書のレベルを超えるので説明を省略しますが，この検定方法を利用

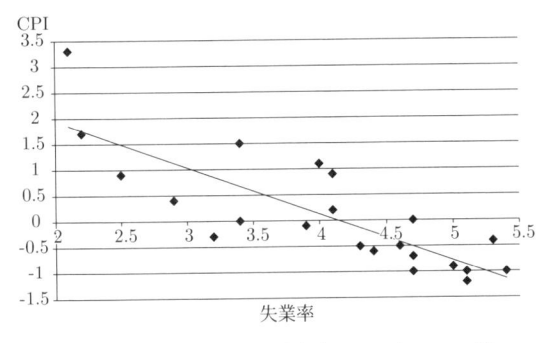

図 5.6 消費者物価指数と失業率 (1991 年–2012 年)
総務省「労働力調査」,「消費者物価指数」

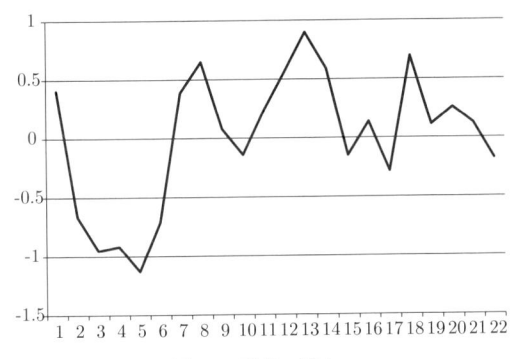

図 5.7 残差のグラフ

することは簡単にできます.その利用法については第 6 章の補論を参照してください.

5.3 回帰係数の標本分布と区間推定

上の家計収入と消費支出のデータは全国の消費者を母集団とする標本調査から得られた結果ですから,回帰係数の推定値 0.848 には標本変動による誤差が含まれています.そこで推定結果を示すとき推定値だけでなく誤差に関する情報も示すほうが望ましいと考えられます.これは平均身長を調べる標本調査を説明したときと考え方はまったく同じですが,回帰分析の場合,母集団と標本との関係が身長の分布の場合より少し複雑になります.

▷ 母集団回帰

まずはじめに,収入 (X) と消費 (Y) に関する母集団回帰モデルを導入しま

す．先ほどの収入と消費の関係を模して次のような消費者世帯の母集団を考えてみましょう．ただし単純化の仮定として，収入は限られた値 $X_1, X_2, \cdots, X_k$ しかないものとします．言い換えればこの母集団にはこれらの k 個の収入水準しかないと仮定します．そして前節で説明したように，X と Y の間には理論的に

$$Y = a + bX$$

という真の関係があると想定します．この式を**母集団回帰式**といいます．これに対して母集団から得られたデータによって推定された回帰式 (5.4) は標本回帰式といいます．現実にはこの真の関係が攪乱項 u により攪乱されていると考え，u を取り入れて関係式を改めて

$$Y_i = a + bX_i + u_i$$

と表します．攪乱項 u_i は平均 0，分散 σ^2 を持つ正規分布 $N(0, \sigma^2)$ に従い，さらに u_i と u_j $(i \neq j)$ は，第 2 章で定義された意味で独立であると仮定します．そして独立で同一の分布に従うことを，その英語表現 (independently and identically distributed) の頭文字をとって，iid と表します．すなわち攪乱項 u は

$$u_i \sim iid\ N(0, \sigma^2)$$

と表されます．

▷ **標 本 実 験**

世帯収入は $X_1, X_2, \cdots, X_{10}$ の 10 階級しかないと仮定し各階級には多数の家計が存在するとします．これらの収入に対する消費は次の消費関数によって生成されるとしましょう．ここで各世帯収入階級からランダムに選ばれた 1 世帯の収入と消費の観察値を $(X_1, Y_1), (X_2, Y_2), \cdots, (X_{10}, Y_{10})$ とします．このとき Y_i は

$$Y_i = 5 + 0.7X_i + u_i \quad (i = 1, 2, \cdots, 10)$$
$$u_i \sim iid\ N(0, 3^2)$$

によって生成されるものとします．このデータ生成メカニズムによって生成されるすべての可能なデータを母集団と考え，この母集団から無作為に 1 組の標本観察値 $(X_1, Y_1), (X_2, Y_2), \cdots, (X_{10}, Y_{10})$ を抽出します．この仮想的な標本調査から得られたデータから係数推定値 $\hat{a}, \hat{b}$ を最小 2 乗法の公式から

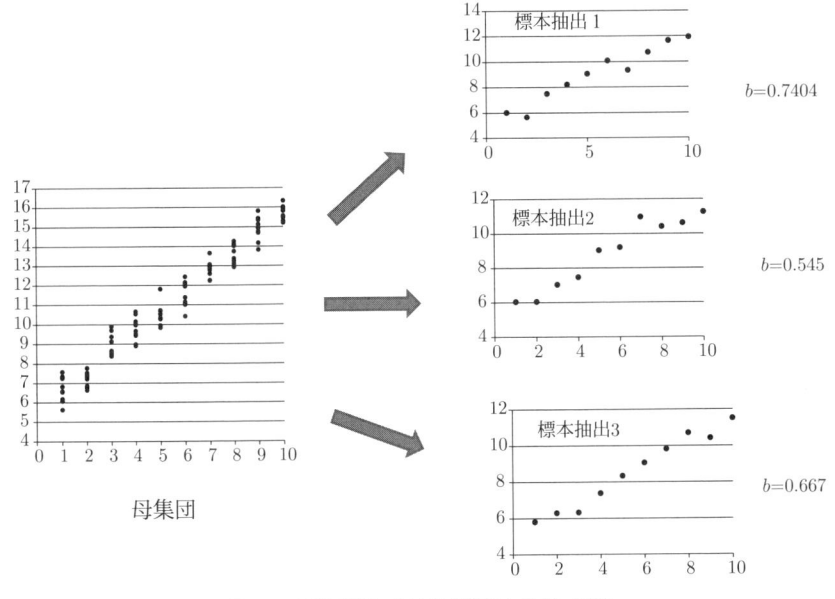

図 5.8　回帰分析における母集団と標本の関係

計算します．このような標本調査を何度も繰り返せばその都度異なった係数推定値が得られます．図 5.8 は，3 回の標本調査を行った場合の母集団と標本の関係を示したものです．この例では 3 回の標本調査の結果，b の推定値は 1 回目は 0.7404，2 回目は 0.545，3 回目は 0.667 となりました．

コンピュータを使ってこのような仮想的な標本実験を 1000 回行い，1000 個の $\hat{b}$ の値を計算しました．図 5.9 はこのようにして得られた 1000 個の係数推定値 $\hat{b}$ の標本分布を表しています．このヒストグラムから $\hat{b}$ の標本分布は正規分布らしい形をしていることが分かります．実際に $\hat{b}$ の標本分布は，平均 b，分散 $\frac{\sigma^2}{\sum_{i=1}^{10}(x_i-\bar{x})^2}$ を持つ正規分布になることが数学的に証明されています．ここに σ^2 は攪乱項 u の分散です．このことを定理の形にまとめておきます．

定理 5.1 最小 2 乗推定量 $\hat{b}$ の標本分布は，平均 b，分散 $\sigma_b^2 = \dfrac{\sigma^2}{\sum_{i=1}^{10}(x_i-\bar{x})^2}$ の正規分布に従う．すなわち

$$\hat{b} \sim N(b, \sigma_b^2)$$

ここに b は回帰係数の真の値，σ^2 は攪乱項 u の分散です．

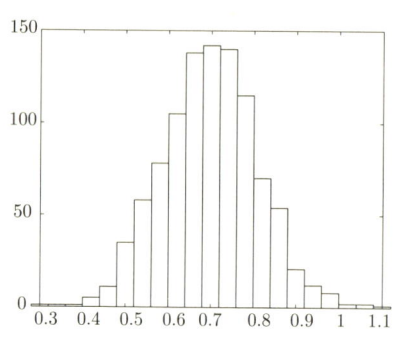

図 **5.9** 最小 2 乗推定値 $\hat{b}$ の標本分布

以前説明したように，$\hat{b}$ に標準化を施せば

$$z = \frac{\hat{b} - b}{\sigma_b}$$

となり，このとき z は標準正規分布 $N(0,1)$ に従いますから z の実現値の 95% は -1.96 と $+1.96$ の間に含まれます．すなわち $P(-1.96 \leq z \leq +1.96) = 0.95$ となります．この式に z を代入し整理すると，括弧の中は

$$\hat{b} - 1.96\sigma_b \leq b \leq \hat{b} + 1.96\sigma_b$$

となります．言い換えれば何度も標本調査を行い，その都度区間 $[\hat{b}-1.96\sigma_b, \hat{b}+1.96\sigma_b]$ を構成したとき，それらの区間のうちおおよそ $0.95 \times 100\% = 95\%$ (950 個) の区間は真の b を含みます．上の標本実験では 1000 回調査を繰り返し，信頼区間を 1000 個構成すれば，そのうちの約 95% である 950 個の区間は真の回帰係数 b を含んでいると考えられます．このとき 0.95 を **信頼係数** といい，このように構成された区間

$$[\hat{b} - 1.96\sigma_b,\ \hat{b} + 1.96\sigma_b]$$

を信頼係数 0.95 の **信頼区間** といいます．信頼係数は任意に変えられますが，目的に応じて，信頼区間を広くとりたい場合は 0.99，狭くとりたい場合は 0.90 の信頼係数が使われます．一般的に信頼係数は $1 - \alpha$ (ただし $0 < \alpha < 1$) のような形で表されます．例えば信頼係数が 0.95 なら，α は 0.05 となります．一般的には信頼係数 $1 - \alpha$ の信頼区間は

$$[\hat{b} - z_{\frac{\alpha}{2}}\sigma_b,\ \hat{b} + z_{\frac{\alpha}{2}}\sigma_b]$$

と表されます．ここに $z_{\frac{\alpha}{2}}$ は正規分布においてこの点より右側の比率が $\frac{\alpha}{2}$ と

なる横軸座標の点です.

ところで，ここまでの計算では σ が既知として使われていますが，通常 σ は未知です. σ が未知のときは，その代わりに推定値

$$s^2 = \frac{\text{残差の 2 乗和}}{\text{自由度}} = \frac{\sum_{i=1}^{n} e_i^2}{n-2} \tag{5.9}$$

を用いて，σ_b^2 を

$$s_b^2 = \frac{s^2}{\sum_{i=1}^{n} (x_i - \bar{x})^2} \tag{5.10}$$

によって推定します.

この場合の自由度は，データの個数 − 未知母数の個数 $= n - 2$ によって定義されています．上の消費関数の例を使って s_b^2 を計算してみましょう. 94 頁と 96 頁で計算したように

$$s^2 = \frac{\sum_{i=1}^{n} e_i^2}{n-2} = \frac{1373024537}{8} = 171628067.125$$

$$\sum_{i=1}^{n} (x_i - \bar{x})^2 = 111682796346$$

でしたから，その結果を使うと

$$s_b^2 = \frac{s^2}{\sum_{i=1}^{n} (x_i - \bar{x})^2} = \frac{171628067.125}{111682796346} = 0.001536$$

となります．この値の平方根 $s_b = 0.039$ を推定値 $\hat{b}$ の**標準誤差**といいます．これを標準化の式 z の分母に代入したものを

$$t = \frac{\hat{b} - b}{s_b}$$

と置くと，これは自由度 $n-2$ の t 分布に従うことが知られています．第 4 章で見たように，t 分布は左右対称なので，自由度 $n-2$ の t 分布における右片側の面積比が $\alpha/2$ となる横軸上の値を $t_{(n-2)}^{\frac{\alpha}{2}}$ とすれば左片側の面積比が $\alpha/2$ となる横軸上の値は $-t_{(n-2)}^{\frac{\alpha}{2}}$ となります．これらの記号を使えば信頼係数 $\alpha/2$ の信頼区間は

$$[\hat{b} - t_{n-2}^{\frac{\alpha}{2}} \times s_b, \ \hat{b} + t_{n-2}^{\frac{\alpha}{2}} \times s_b] \tag{5.11}$$

となります．言い換えればこの区間に真の b の値が $(1-\alpha) \times 100\%$ 含まれることを意味しています．先ほど 3 回の標本実験の結果から 95% の信頼区間を計算してみると，

1 回目の標本調査の結果：[0.568, 0.840]
2 回目の標本調査の結果：[0.500, 0.790]
3 回目の標本調査の結果：[0.579, 0.755]

となりました．このように信頼区間は標本変動しますが，このような区間をもし 100 回構成すればそのうちの 95 回は推定したい未知母数を含んでいると信頼することができます．この例では 3 回とも真の未知母数の値 $b = 0.7$ を含むことに成功しています．

最後に，表 5.1 の実データから推定された消費関数 (5.7) 式における $\hat{b}$ の信頼係数 95% の信頼区間を計算してみましょう．この例では自由度は $n - 2 = 8$ ですから，巻末の t 分布表から右側 2.5% 点は 2.306 であることが分かります．すなわち $t^{\frac{\alpha}{2}}_{n-2} = 2.306$ です．次に標準誤差 s_b は上に計算した結果を使うと 0.039 となりますから，これらの数値を信頼区間の式に代入すると，信頼係数 95% の信頼区間は [0.757, 0.938] となります．すなわち回帰係数の真の値はこの区間に確率 0.95 で含まれていると信頼してよいということが示されました．

5.4 回帰係数の検定

次に収入と支出の例に即して回帰係数の検定という考え方を説明します．先に収入と支出には $Y_i = a + bX_i + u_i$ という直線関係を想定しました．ここで X と Y の間に本当にこのような関係が成立しているかどうかを統計的に検証してみましょう．消費関数の実証分析では収入 (X) が消費支出 (Y) にどのような効果を持つかが主要な関心事になります．$b = 0$ のときは X は Y に何の効果も与えていないことを意味しますから，X が Y に対して効果を持つことを実証的に示すには，$b \neq 0$ であることを示す必要があります．ここでは $b \neq 0$ かどうかを検証する問題に焦点を絞って説明しましょう．仮説検定では，検証したいこと，すなわち「X は Y に効果を持つ ($b \neq 0$)」を否定する仮説：「X は Y に効果を持たない．すわなち $b = 0$」という仮説 (帰無仮説) を立て，この仮説の妥当性をデータに照らして検証します．すなわち

帰無仮説：$b = 0$

とします．一方，データから b の推定値として $\hat{b}$ が得られたとします．このとき推定値 $\hat{b}$ を使って仮説の妥当性を次のようなロジックに即して判断しま

す．もし帰無仮説 $b=0$ が正しければ推定値 $\hat{b}$ も 0 に近い値をとるでしょうし，帰無仮説が間違っていれば $\hat{b}$ の値も 0 に近くない値をとるでしょう．したがって，帰無仮説の妥当性を判断する基準として，帰無仮説 $b=0$ と推定値 $\hat{b}$ の距離 $= \hat{b} - b$ を使うことが考えられます．もしこの差が大きければ，仮説とデータが示す現実との距離が大きいということですから，データは仮説を支持していないと判断してよいでしょう．一方，この差が小さければデータは仮説を支持していると判断してよいでしょう．この差 $\hat{b} - b$ の大小の判定に当たっては 4 章の平均値の仮説検定の場合と同様に t 値

$$t = \frac{\hat{b} - b}{s_b} \tag{5.12}$$

が使われます．この式の分子は仮説値 b とデータが示す推定値 $\hat{b}$ との距離を表していますからまさに仮説と現実の距離を表しているといえます．この距離が小さければ仮説は現実味を帯びてくるし，大きければ現実離れをしていることになります．この距離を $\hat{b}$ の標準誤差 s_b で割ったものは自由度 $n-2$ の t 分布に従うという性質を使えば t の値が $t^{\frac{\alpha}{2}}_{n-2}$ より大きいかまたは $-t^{\frac{\alpha}{2}}_{n-2}$ より小さくなることは 100 回中 $\alpha \times 100$ 回程度でしかありません．$\alpha = 0.05$ とすれば 5 回程度でしかないということになります．推定値 $\hat{b}$ は標本変動を，言い換えれば誤差を含んでいますから，たとえ仮説が正しいときでも偶然 $\hat{b} - b$ が (したがって t 値が) 大きな値をとることがあるかもしれません．しかし，そういうことは非常に稀にしか起こりません．仮説検定の考え方は，t 値 (データ値と仮説値の差) が大きいとき，データは帰無仮説を支持していないと見なして，「帰無仮説はデータに照らしてみると真実ではない」と見なし帰無仮説を棄却します．棄却できない場合は，帰無仮説を受け入れます．

では先の 3 回の標本抽出の場合はどうであったか見てみましょう．帰無仮説 ($b=0$)「収入は支出に効果がない」を検定したいとします．このとき t の分子 b に 0 を代入すれば

$$t = \frac{\hat{b} - 0}{s_b} \tag{5.13}$$

となります．帰無仮説が正しければ，t 値は自由度 $n-2=8$ の t 分布に従います．このとき右片側 0.025 となる t の値 (臨界値) は 2.306 です．上の 3 回の標本実験の場合は

  1 回目の標本調査の結果：$t = 11.95 > 2.306 \Rightarrow$ 帰無仮説を棄却
  2 回目の標本調査の結果：$t = 10.29 > 2.306 \Rightarrow$ 帰無仮説を棄却

3回目の標本調査の結果：$t = 17.43 > 2.306 \Rightarrow$ 帰無仮説を棄却

となりました．3回とも t 値は臨界値 2.306 を超えているので $b = 0$ という帰無仮説は有意水準 0.05 で棄却されます．すなわちこの例では3回の標本調査において3回とも，「b は 0 ではない，すなわち収入と支出には直線的な関係がある」という結論が得られました．

▷ 右 (左) 片側検定

帰無仮説を否定したものを対立仮説といいます．ここまでの例では，帰無仮説 $b = 0$，対立仮説 $b \neq 0$ となります．しかし問題によっては対立仮説として $b > 0$，あるいは $b < 0$ のようにプラス側かマイナス側だけを考えればよい場合もあります．例えば収入と支出の散布図から右下がりの直線 ($b < 0$) が当てはまるとは思えないので，$b < 0$ の場合は考慮しなくてよいでしょう．このときは対立仮説を $b > 0$ として差し支えありません．この場合，t 値は正の側だけ考えればよいので，t 分布の右側の比率が 0.05 となる点を臨界値とすればよいことになります．自由度 8 の右側の比率が 0.05 となる臨界値は t 分布表から 1.86 であることが分かります．t 値がこの臨界値を超えれば帰無仮説 $b = 0$ は棄却されます (右片側検定)．もし b は負の値しかとらないことが分かっている場合は，対立仮説は $b < 0$ とします．この場合は t 値が -1.86 より小さければ帰無仮説は棄却されます (左片側検定)．

─────────── 補論 5.1　2変量正規分布 ───────────

2つの変量 X と Y が平面上に散布する図 5.10 のような状況を考えましょう．例えば何度も弓矢を射て的に当たった跡 (図の×印の点) がこのように散布したとしましょう．的の中心付近には多数の跡があり，中心から離れるほど跡の数はまばらになります．この平面を小さな区画に分けて，その中の跡の数はその区画に矢が当った頻度を表します．この平面に垂直方向に頻度をとり立体的に表すと図 5.11 のような 3 次元的なヒストグラムが得られます．3 次元的なヒストグラムを持つ典型的な分布に 2 変量正規分布があります．この分布の形状は X の平均 μ_x と標準偏差 σ_x, Y の平均 μ_y と標準偏差 σ_y, および X と Y の相関係数 ρ_{xy} が与えられると次の式で与えられます．

$$f(x,y) = \frac{1}{2\pi\sigma_x\sigma_y\sqrt{1-\rho^2}} \times \exp\left[\frac{-1}{2(1-\rho^2)}\left\{\left(\frac{x-\mu_x}{\sigma_x}\right)^2 - 2\rho\left(\frac{x-\mu_x}{\sigma_x}\right)\left(\frac{y-\mu_y}{\sigma_y}\right) + \left(\frac{y-\mu_y}{\sigma_y}\right)^2\right\}\right]$$

このような 2 変量正規分布を

補論5.1 2変量正規分布

$$\begin{pmatrix} X \\ Y \end{pmatrix} \sim N\left[\begin{pmatrix} \mu_x \\ \mu_y \end{pmatrix}, \begin{pmatrix} \sigma_x^2 & \sigma_{xy} \\ \sigma_{yx} & \sigma_y^2 \end{pmatrix} \right]$$

と表します.ここに

$$\sigma_{xy} = E[(x-\bar{x})(y-\bar{y})]$$

で定義され共分散と呼ばれます.相関係数は $\rho_{xy} = \dfrac{\sigma_{xy}}{\sqrt{\sigma_x^2 \sigma_y^2}}$ で与えられます.

▶ **2変量正規分布の例**

x の平均 $= 0.05$,x の標準偏差 $= 0.1$,y の平均 $= 0.1$,y の標準偏差 $= 0.2$,x と y の相関係数 $(\rho) = -0.2$ の2変量正規分布から得られた1000個の乱数の散布図が図5.10のようになりました.

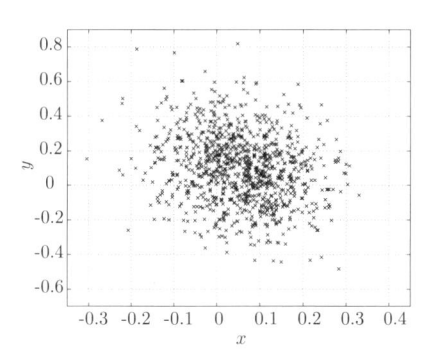

図 **5.10** 2変量正規分布の散布図
相関係数 $\rho = -0.2$ の場合

この例では相関係数がほとんど無相関に近い -0.2 なので,平均の位置 (X,Y) 座標 $(0.05, 0.1)$ を中心に上下左右に万遍なく散布しており,中心から遠いほど点はまばらになります.この1000個の点を3次元のヒストグラムにすると図5.11のようになります.図5.12は相関係数 $\rho = -0.5$ の場合,図5.13は相関係数 $\rho = -0.8$ の場合の散布図とヒストグラムです.

▶ **X と Y の和の分布**

ここで今後,必要になるので,正規分布に従う2つの確率変数 X, Y の和 $Z = \alpha X + \beta Y$ の分布についての重要な結果を証明なしで述べておきます.X の平均と標準偏差を μ_x, σ_x,Y の平均と標準偏差を μ_y, σ_y とします.また,X と Y の相関係数を ρ_{xy} とします.このとき,$Z = \alpha X + \beta Y$ は正規分布に従い,その平均と分散は

$$\text{平均}: \mu_z = \alpha \mu_x + \beta \mu_y$$
$$\text{分散}: \sigma_Z^2 = \alpha^2 \sigma_x^2 + 2\alpha\beta \sigma_x \sigma_y \rho_{xy} + \beta^2 \sigma_y^2$$

となります.ただし X と Y が正規分布でなくても,平均と分散の式は成立します.

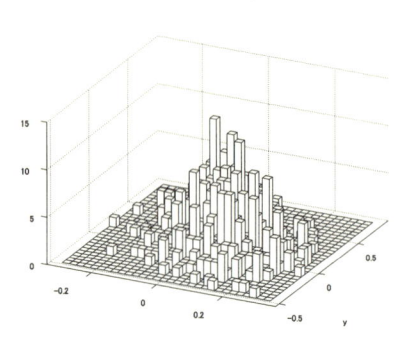

図 5.11　2 変量正規分布のヒストグラム
相関係数 $\rho = -0.2$ の場合

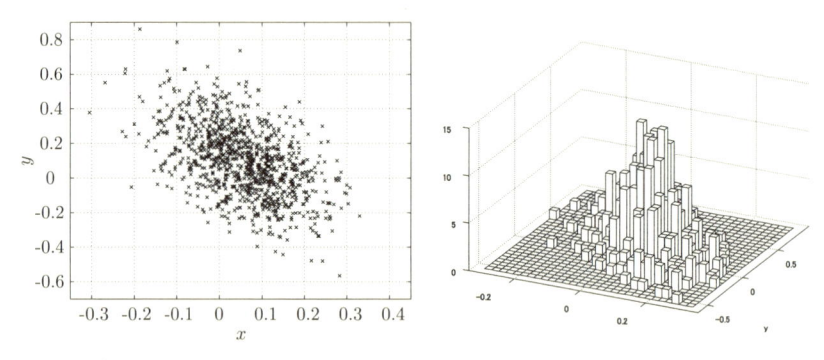

図 5.12　2 変量正規分布の散布図とヒストグラム
相関係数 $\rho = -0.5$ の場合

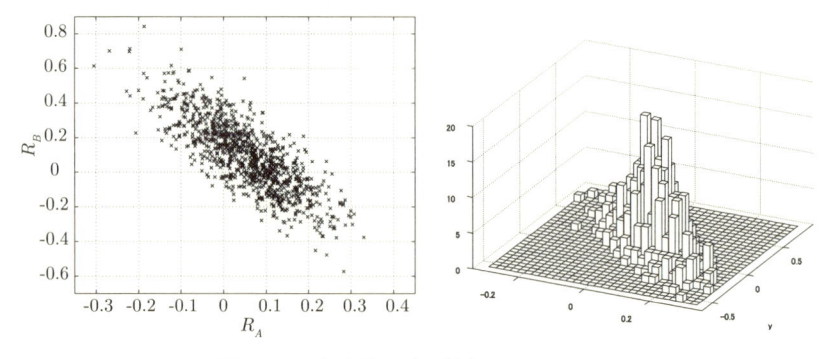

図 5.13　2 変量正規分布の散布図とヒストグラム
相関係数 $\rho = -0.8$ の場合

▶ 数 値 例

x の平均と標準偏差は $\mu_x = 0.05, \sigma_x = 0.1$, y の平均と標準偏差は $\mu_y = 0.1, \sigma_y = 0.2$, X と Y の相関係数は $\rho_{xy} = -0.2$ とします．このとき

$$Z = 0.2X + 0.8Y$$

とすれば，Z の平均と標準偏差は次のようになります．

Z の平均：$\mu_z = 0.2\mu_x + 0.8\mu_y = 0.09$,

Z の標準偏差：$\sigma_z = \sqrt{0.2^2\sigma_x^2 + 2 \times 0.2 \times 0.8\sigma_x\sigma_y\rho_{xy} + 0.8^2\sigma_y^2} = 0.17$

この場合，X, Y, Z の分布の概形は図 5.14 のようになります．

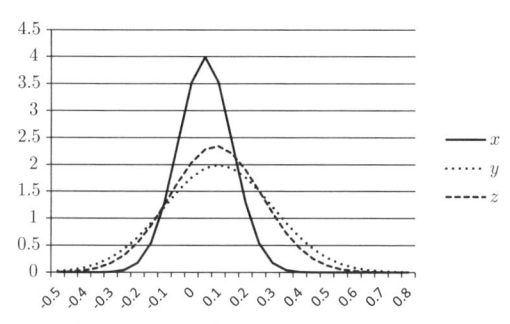

図 5.14　2 つの確率変数の和 $X + Y$ の分布

補論 5.2　Excel による回帰分析の方法

ここでは，Microsoft Excel による回帰分析の方法を世帯主収入と消費支出の例を使って説明します．図 5.15 の画面では，A 列，B 列の 1 行目にラベルが，2 行目から 11 行目までそれぞれのデータが入っています．このようにデータを入力した上でメニューバーの「データ」の「データ分析」をクリックします (図 5.16)[*1]．データ分析の中から「回帰分析」を選択します (図 5.17)．「回帰分析」を選択したら「入力元」の入力 **Y** 範囲 **(Y)** には消費支出のデータ，入力 **X** 範囲 **(X)** には世帯主収入のデータを選びます．今回の場合は各 1 行目にラベルが入っているので，ラベルにチェックを入れます．また，「有意水準 (O)」に 99 と入力します．さらに「出力オプション」の一覧の出力先 (S) には結果を出力させたい場所を指定します．最後に残差「残差 (R)」にチェックを入れます (図 5.18)．

以上の準備が整ったら「**OK**」ボタンを押します (必要に応じて他のオプションも指定してください)．その後，図 5.19 のような結果が出力されます．

[*1] なお，メニューバーに「データ」が表示されない場合はアドイン「分析ツール」を有効にしてください．アドインのやり方は Excel のヘルプを見てください．

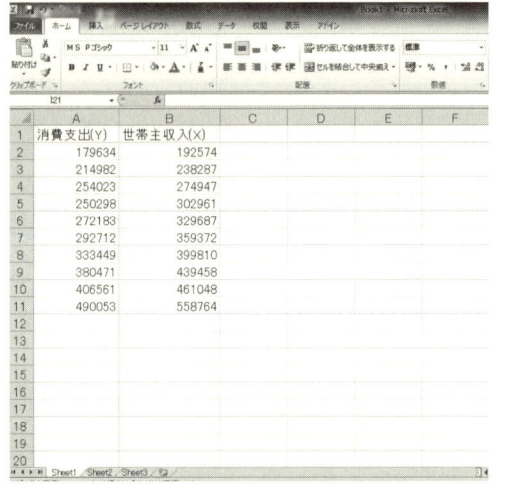

図 5.15 データが入力された状態の画面

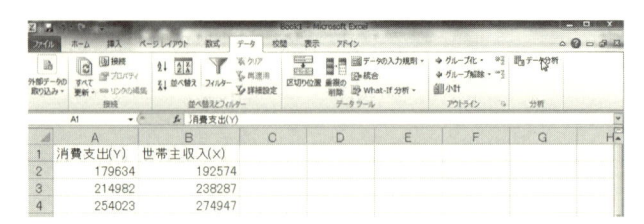

図 5.16 メニューバーの画面

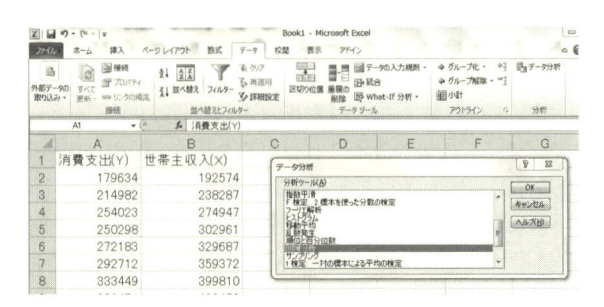

図 5.17 アドインのデータ分析の画面

図 5.18 回帰分析の入力事項

図 5.19 回帰分析の出力結果

次に出力された各項目についての説明を行います．はじめに回帰統計の表から見ていきましょう．

回帰統計	
重相関 R	0.992
重決定 R2	0.983
補正 R2	0.981
標準誤差	13100.690
観測数	10

重相関 R：X と Y との相関係数，決定係数 R^2 の平方根が出力されています．
重決定 R2：決定係数 R^2 の値が出力されています．
補正 R2：本書では説明していませんが，説明変数が 2 つ以上ある場合の回帰直線の当てはまりのよさを測る指標です．
標準誤差：残差の標準偏差が出力されています．すなわち残差の変動の程度の指標です．

次に分散分析表の各項目を見ていくことにしましょう．

分散分析表

	自由度	変動	分散	観測された分散比	有意 F
回帰	1	80270860285	80270860285	467.70241	2.2×10^{-8}
残差	8	1373024537	171628067.1		
合計	9	81643884822			

自由度：それぞれの自由度が入っています．
回帰変動：回帰直線で説明できた部分の変動 $\sum_{i=1}^{n}(\hat{y}-\bar{y})^2$ の値が入っています．
残差変動：回帰直線で説明できなかった部分の変動 $\sum_{i=1}^{n} e_i^2$ の値が入っています．
総変動：観測値 y の平均値周りの変動 $\sum_{i=1}^{n}(y_i - \bar{y})^2$ の値が入っています．
　これらの変動の間には，証明は省きますが，以下のような関係があります．

$$\sum_{i=1}^{n}(y_i - \bar{y})^2 = \sum_{i=1}^{n}(\hat{y}_i - \bar{y})^2 + \sum_{i=1}^{n} e_i^2$$

これらの用語を用いると

$$総変動 = 回帰変動 + 残差変動$$

ということになります．この式は観測値 y の平均値周りの変動は回帰直線で説明できた部分と回帰直線で説明できなかった部分の変動に分解できることを示しています．この式の両辺を総変動で割ると以下のようになります．

$$1 = \frac{回帰変動}{総変動} + \frac{残差変動}{総変動}$$

さらに書き換えると以下の式になります．

$$\frac{回帰変動}{総変動} = 1 - \frac{残差変動}{総変動} = 1 - \frac{\sum_{i=1}^{n} e_i^2}{\sum_{i=1}^{n}(\hat{y}_i - \bar{y})^2}$$

最後の式は，決定係数 R^2 の公式 (5.8) になっています．つまり，回帰直線の当てはまりのよさというのは，y_i の総変動を回帰直線によってどの程度説明できたかということを示しています．

回帰分散：回帰変動をその自由度で割った値が入っており，回帰変動の程度を表しています．
残差分散：残差変動をその自由度で割った値が入っており，残差変動の程度を表しています．
観測された分散比：回帰分散÷残差分散の値が入っており，Y を X で説明するというこのモデルが意味のあるモデルかどうかを判定するために用いられます．X は Y を説明できない場合，分散比は理論的に F 分布という分布に従うことが知られています．F 分布は分母と分子の 2 つの自由度によってその形状が異なります．
有意 F：この値が検定の有意水準 α よりも小さければ，「X は Y の説明要因ではない」という帰無仮説は棄却されます．

	係数	標準誤差	t	P-値
切片	5887.212	14545.984	0.405	0.696
世帯主収入 (X)	0.848	0.039	21.626	2.202×10^{-08}

	下限 95%	上限 95%	下限 99.0%	上限 99.0%
切片	-27655.887	39430.312	-42920.199	54694.623
世帯主収入 (X)	0.757	0.938	0.716	0.979

最後に回帰係数の表を見ましょう．

係数：各パラメータの最小2乗法による推定値が入っています．
標準誤差：5.3節で説明した各推定値の標準誤差が入っています．
t：5.4節で説明した各推定値の t の値が入っています．
P-**値**：計算された t の値より右側の確率が入っています．
下限 95%：各推定値の 95% 信頼区間における下限の値入っています．
上限 95%：各推定値の 95% 信頼区間における上限の値入っています．
下限 99%：各推定値の 99% 信頼区間における下限の値入っています．
上限 99%：各推定値の 99% 信頼区間における上限の値入っています．

練習問題

[1] 下記の表のような観測値が得られたときに以下の問いに答えないさい．

y	25	13	21	23	29	28	16	20	26	25
x	11	3	4	7	9	8	5	7	8	7

① x, y のそれぞれの標本平均を計算しなさい．
② x, y のそれぞれの標本標準偏差を計算しなさい．
③ x と y の標本相関係数を計算しなさい．
④ 説明変数を x，被説明変数を y として回帰モデルを設定して，最小2乗推定値 a, b を求めなさい．
⑤ 総変動の値を求めなさい．
⑥ 回帰変動の値を求めなさい．
⑦ 残差変動の値を求めなさい．
⑧ 決定係数を求めなさい．
⑨ 最小2乗法によって得られた各推定値に対して95%信頼区間を求めなさい．
⑩ 係数 b に関して，帰無仮説を「係数 b の真の値は0である」として有意水準5%で検定をしなさい．

[2] (偏相関係数)

5.1節で，消費支出 (x) と世帯主収入 (y) の相関係数を考察しました．しかし実際には消費支出は世帯人員 (z) の影響を受けると考えられますから，

z の影響を除いた後の x と y の相関係数のほうが，純粋に消費と支出の相関関係を表しています．このように x と y から第 3 の変数 z の影響を除去した後の相関係数を偏相関係数といいます．偏相関係数は，それぞれの相関係数 r_{xy}, r_{xz}, r_{yz} を使って次の公式で表されることが知られています．

$$r_{xy \cdot z} = \frac{r_{xy} - r_{xz} \cdot r_{yz}}{\sqrt{(1 - r_{xz}^2)(1 - r_{yz}^2)}}$$

いま消費支出 (x)，世帯主収入 (y)，世帯人員 (z) の間の相関係数が

$$r_{xy} = 0.9, \quad r_{xz} = 0.7, \quad r_{yz} = 0.5$$

と計算されたとします．このとき，偏相関係数 $r_{xy \cdot z}$ を計算しなさい．

[3] 2 変数 x と y の間の相関係数 r_{xy} (5.1) 式と回帰係数 b (5.6) 式の間には，次の関係式が成立することを確かめなさい．

$$r_{xy} = \frac{s_x}{s_y} b$$

ただし s_x と s_y は x と y の標準偏差です．

6 時系列分析

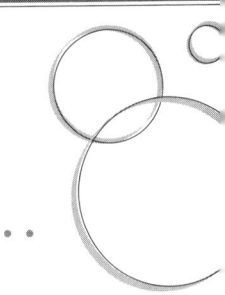

6.1 経済時系列データ
6.2 名目値と実質値
6.3 季節調整
6.4 自己相関
6.5 自己回帰モデル
6.6 非定常時系列
◇ 補論 6.1 ダービン・ワトソン検定
◇ 補論 6.2 Dickey–Fuller の検定

6.1 経済時系列データ

次の図 6.1 は総務省の家計調査による，平成 12 年 1 月から 25 年 2 月までの農林漁家世帯を除く全国勤労者世帯の 1 か月平均消費支出金額 (円) の推移を表したものです．

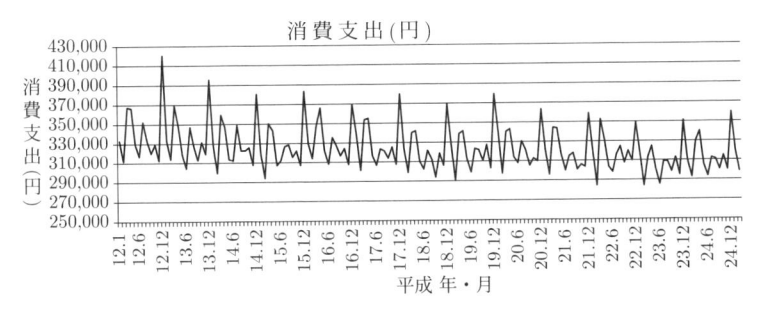

図 6.1 1 か月平均全国勤労者世帯の消費支出 (単位：円)
出典：総務省ホームページ
http://www.stat.go.jp/data/kakei/longtime/index.htm

このように時間的変動を記録したデータを時系列データといいます．観測される時間間隔が年，四半期，月，週，日であるようなデータをそれぞれ年次データ，四半期データ，月次データ，週次データ，日次データといいます．

また株価の時系列の中には，1分間隔またはそれ以下の非常に短い時間間隔で記録されたデータもあります．そのようなデータは**高頻度データ**と呼ばれます．経済時系列データの分析では，観測される時間間隔は分析方法や結果に影響を与えることがありますから，この点に注意を払う必要があります．しかし時系列分析では，時間間隔が何であれ，時点 t における観測値を x_t と表し，時点 1 から T までの観測値を

$$x_1, x_2, \cdots, x_T$$

と表します．また経済時系列では $t-1$ 期から t 期にかけての成長率 (または増減率，変化率) は

$$r_t = \frac{x_t - x_{t-1}}{x_{t-1}} \tag{6.1}$$

で定義されます．x_t が株価または価格であれば，r_t は収益率を表します．さらにこの変化率は近似的に

$$\frac{x_t - x_{t-1}}{x_{t-1}} \simeq \log x_t - \log x_{t-1} \tag{6.2}$$

となることが知られています．右辺のような表現を**対数成長率** (または**対数収益率**) といいます．

上の1か月平均の消費支出金額データから対前月変化率を計算すると図 6.2 のようになります．

本章では，経済時系列データに固有の問題をいくつか選んで初等的に説明します．

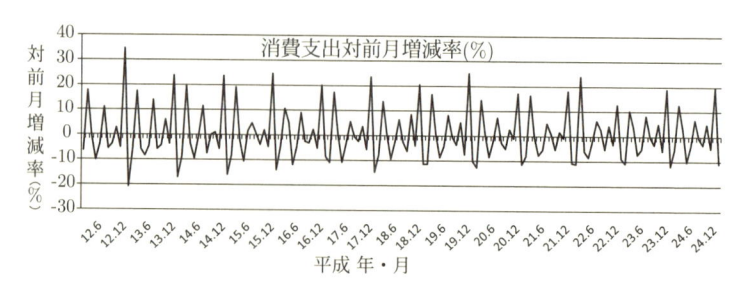

図 6.2　1か月平均全国勤労者世帯の消費支出対前月変化率 (%)
出典：総務省ホームページ
http://www.stat.go.jp/data/kakei/longtime/index.htm

6.2 名目値と実質値

経済データを見る際にまず知っておかなければならないことは，名目値と実質値の違いです．経済を統計的に分析する場合には，異なる測定単位を持つ様々な財やサービスの生産または消費の総合計を扱う必要があります．単位の異なる数字を合計することは意味がありませんから，経済統計ではお金に換算された金額表示が使われます．しかし金額＝数量×価格ですから，金額表示の数字の変化には数量の変化と価格の変化が含まれます．次のような簡単な例を使って説明してみましょう．1種類の車種しか生産していないある自動車工場では去年は10000台，今年は9500台の車を生産したとしましょう．また1台の価格が去年は100万円，今年は106万円だとしましょう．

表 6.1　ある自動車生産工場

	生産台数	単価	金額
去年	10000 台	100 万円	100 億円
今年	9500 台	106 万円	100.7 億円

この例では去年の金額表示の生産額は 10000 台 ×100 万円 = 100 億円となります．同様の計算により，今年の金額表示の生産額は 9500 台 × 106 万円 = 100 億 7000 万円です．去年と今年の生産高を比較するために経済統計では，基準となる年の値を 100 としたとき比較される年の値が何倍になったかを表す数値がよく用いられます．第 1 章の補論で述べたように比較の基準になる時点と比較される時点とを基準時と比較時といいます．そして基準時の値と比較時の値の比率を 100 倍したものを**指数**といいます．例えば上の例でいえば生産の変化を生産台数を使って指数を計算すれば，去年から今年にかけての生産指数は 9500 台/10000 台 × 100 = 95 となります．しかし金額で測った生産額を使って生産指数を計算すれば，今年の生産額 100 億 7000 万円/去年の生産額 100 億円 × 100 = 100.7 になります．実際の生産台数は減っているのに生産を金額表示で比較すると，生産指数は上昇したことになってしまい，実態を反映していないといえます．しかし 1 台当たりの市場価格が 100 万円から 106 万円に増えたのですから (つまり価格指数は 106)，車 1 台の価値が上がったと考えれば，生産台数は同じでも価値の上昇を考えると生産指数が上がってもおかしくないともいえます．このように金額表示の

数字は価格変化と数量変化が含まれているため比較に当たっては注意が必要なことが分かります．生産指数ではこのような場合，基準時点と比較時点で価格は変化しなかったとして生産額を計算することによって価格変動の影響を除去するという方法がとられます．その結果，生産数量の変化だけが測定されることになります．例えば上の例で去年の価格を基準にして生産額の変化を表せば，去年の生産額 $= 10000 \times 100$ 万円 $= 100$ 億円，今年の生産額 9500×100 万円 $= 95$ 億円 となり，去年の生産額を 100 とする生産指数は $95/100 \times 100 = 95$ に下がったことになります．以上を式の形にまとめれば，次のように表されます．

$$\text{生産指数} = \frac{\text{基準時の価格} \times \text{比較時の生産台数}}{\text{基準時の価格} \times \text{基準時の生産台数}} \times 100$$

$$= \frac{95 \text{億円}}{100 \text{億円}} \times 100 \tag{6.3}$$

$$= 95$$

これは基準時の去年を 100 としたとき今年の生産額は 95 となることを表しています．ここで基準時の価格を p_0，生産額を q_0，比較時の価格を p_1，生産額を q_1 と置けば，生産指数 (6.3) は

$$\text{生産指数} = \frac{p_0 \times q_1}{p_0 \times q_0} \tag{6.4}$$

と表されます．ここで単一商品の価格指数 (基準時と比較時の価格比) を P_{01} と置けば

$$P_{01} = \frac{p_1}{p_0}$$

です．したがって

$$\frac{p_1}{P_{01}} = p_0 \tag{6.5}$$

となります．(6.5) 式を (6.4) 式の分子の (基準時の価格 p_0) に代入すれば

$$\text{生産指数} = \frac{(p_1/P_{01}) \times q_1}{p_0 \times q_0} = \frac{p_1 \times q_1 \div P_{01}}{p_0 \times q_0}$$

と表されます．この式に現れる各項の意味は，
- $p_1 \times q_1$：比較時の時価で評価した比較時の生産額
- $p_0 \times q_0$：基準時の価格で評価した基準時の生産額 (このようにその時点の時価で表した金額を**名目値**といいます)

- $p_1 \times q_1 \div P_{01}$：比較時の名目生産額を価格指数で除したもの (このように名目値を価格指数で除したものを**実質値**といいます)

したがって，生産指数とは基準時の価格で評価した両時点の実質生産額の比として表されていることが分かります．

上の例のように扱われる商品が 1 種類であれば，実質化の計算は容易ですが，この考え方を「1 か月平均の消費支出金額」のように様々な財やサービスが含まれている場合に応用するのは簡単ではありません．そこに含まれるすべての財とサービスの価格指数を求めてからでなければ実質化できないことになってしまいます．実際にはすべての財とサービスの価格指数を求めることは不可能ですから，このような場合には個別の価格指数を使うことを断念し，物価指数を使って実質化が行われます．例えば「1 か月平均の消費支出金額」の平成 24 年 2 月と 25 年 2 月の 2 時点間で名目と実質で比較すると下の表のようになります．ただしこの表の実質値は，平成 22 年を 100 とする消費者物価指数を使って名目値を実質化したものです．

この例で用いた期間はデフレのためほとんど消費者物価指数は変動していません．また平成 22 年に比べてほとんどの月において消費者物価指数は 1 〜 2% 減少しています．当然物価変動の大きな時期には実質化の効果が大

表 **6.2** 1 か月平均の消費支出金額 (名目値と実績値の比較)

	CPI	名目金額	実質金額	名目成長率	実質成長率
平成 24 年 2 月	99.8	292843 円	293429 円	−	−
平成 25 年 2 月	99.2	298752 円	301161 円	2.00%	2.60%

CPI＝消費者物価指数

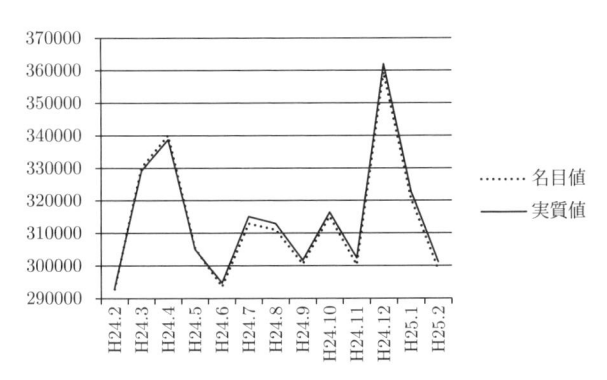

図 **6.3** 消費支出 (名目値と実質値 平成 24 年 2 月 〜25 年 2 月)
(実質値は名目値を平成 22 年基準の消費者物価指数で除した値)
(総務省統計局家計調査結果から計算)

きくなります．

去年と今年の月平均の消費金額が3万円と変わらなかったとしても，物価が10%上がれば(物価が1.1倍に上がれば)，物価の上昇分を差し引くと今年の消費は実質的には下がったことになります．この例では今年の3万円を物価上昇倍率1.1で割れば今年の消費支出は実質的には2.73万円に下がったことになります．すなわち実質値，名目値物価指数の間には

$$実質値 = \frac{名目値}{物価指数} \qquad (6.6)$$

という関係が成立します．物価指数としては消費者物価指数をはじめとする様々な指数がありますが，扱うデータによって最もふさわしい指数を使う必要があります．

6.3 季節調整

経済活動には季節変動といわれる季節的要因に影響される変動がしばしば見られます．例えば12月のボーナス時期にみられる贈答品への支出，5月の連休やお盆の時期の観光・レジャーなどへの支出の急増，夏期・冬期における燃料費の増加などは季節的変動の典型的なパターンです．これらの季節的要因は経済時系列データに独特の季節変動パターンとなって現れます．そのような変動を**季節変動**といいます．事実，図6.1から毎年12月には消費支出が大きく跳ねあがっていることが分かります．データ分析を行う場合，長期的な傾向をとらえることが目的であれば，季節変動による一時的な増減の影響を取り除くほうがよいと考えられます．季節変動の影響を除去することを**季節調整**といい，季節調整された系列を季節調整済み系列といいます．季節調整される前の系列は原系列と呼ばれます．政府公表データにおける季節調整の方法は，「センサス局法 **X-12-ARIMA**」という極めて高度な処理が施されていますが，その説明は本書のレベルを超えるので省略します．興味のある読者は総務省統計局のホームページに季節調整の解説がありますから参考にされるとよいでしょう．一般の統計のユーザーがこの方法を使いこなすことは困難ですし，その必要もないので，ここでは**移動平均**という季節調整の簡便法を紹介しましょう．

移動平均とは，時系列データのいくつかの連続した項を，区間をずらしながら平均することによって変動を均す方法です．例えば時系列データ

$$x_1, x_2, \cdots, x_7$$

が与えられたとき，3項ずつの移動平均 (3項移動平均) とは時点を1期ずらしながら3項の平均をとり，これらの値を時点2, 時点3,⋯ の値とします．すなわち，

$$\frac{x_1 + x_2 + x_3}{3} \quad \rightarrow \quad 時点 2 に対応させる$$

$$\frac{x_2 + x_3 + x_4}{3} \quad \rightarrow \quad 時点 3 に対応させる$$

$$\frac{x_3 + x_4 + x_5}{3} \quad \rightarrow \quad 時点 4 に対応させる$$

このように移動平均の値は，移動平均の計算に使用された期間の中点の時点に対応させます．項の数が偶数の場合には期間の中央の2つの時点のどちらかに対応させてもよいのですが，次のような方法もあります．4項移動平均の例で説明しましょう．まず4項移動平均を次のように計算します．

$$\frac{x_1 + x_2 + x_3 + x_4}{4}, \frac{x_2 + x_3 + x_4 + x_5}{4}, \frac{x_3 + x_4 + x_5 + x_6}{4}, \cdots$$

次のこれらの移動平均の2項移動平均を計算し，その結果を期間の中央の値に対応させます．

$$\frac{\frac{x_1 + \cdots + x_4}{4} + \frac{x_2 + \cdots + x_5}{4}}{2} \quad \rightarrow \quad 時点 3$$

$$\frac{\frac{x_2 + \cdots + x_5}{4} + \frac{x_3 + \cdots + x_6}{4}}{2} \quad \rightarrow \quad 時点 4$$

$$\vdots$$

このように移動平均を2度繰り返す方法を使って，図6.1の1か月平均全国勤労者世帯の消費支出 (平成12年1月～25年2月) の系列にこの方法を施した結果を図6.4に示しておきます．この図の点線で示された系列が移動平均による季節調整済み系列です．

移動平均をとるとデータ期間の両端の部分は計算できませんから，季節調整済みの系列は少し短くなります．例えば12か月移動平均では最初と最後の6か月分は移動平均値は存在しません．

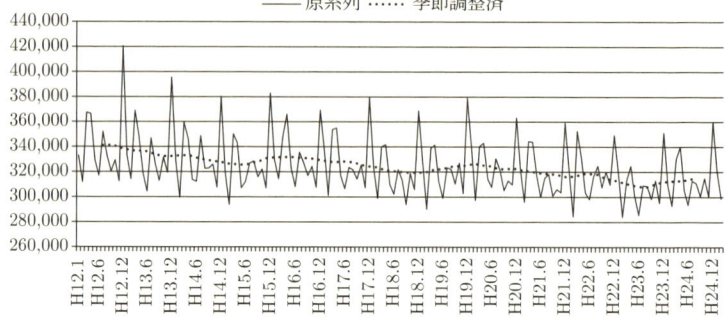

図 6.4 移動平均による季節調整

6.4 自己相関

　経済時系列データは経済活動のある側面の観測値ですから，多くの場合，現時点の観測値は過去の経済活動の影響を受けていると考えられます．したがって経済データを分析するためには，現在の観測値と過去の観測値の間の関連性の程度を表す尺度が必要になります．その尺度として最も標準的なものに自己相関係数という係数があります．第 5 章で相関係数について学びましたが，自分自身の現在の観察値と過去の観察値との相関を表すという意味で自己相関係数と呼ばれます．いまある時系列の観測値を

$$x_1, x_2, \cdots, x_T$$

としましょう．このとき k 時点離れた x_t と x_{t-k} の自己相関係数は次のように定義されます．

$$\rho_k = \frac{\sum_{t=k+1}^{T}(x_t - \bar{x})(x_{t-k} - \bar{x})}{\sum_{t=1}^{T}(x_t - \bar{x})^2} \tag{6.7}$$

ここで $\bar{x}$ は x の平均です．これを k 階の自己相関係数といいます．例として株価指数の日経 225 の 1 階の自己相関係数を計算してみましょう．図 6.5 は 1991 年 4 月から 2013 年 5 月までの 136 か月分の日経 225 の毎月の平均値です．現時点から遠い過去に遡るほど，現在への影響力が弱まると考えられますから，一般に，k の値が大きいほど自己相関係数は小さくなります．図 6.6 は横軸に時間差 k を，縦軸に自己相関係数の値をとり，図 6.5 と同じ日経 225 のデータから計算された自己相関係数を示したものです．このようなグ

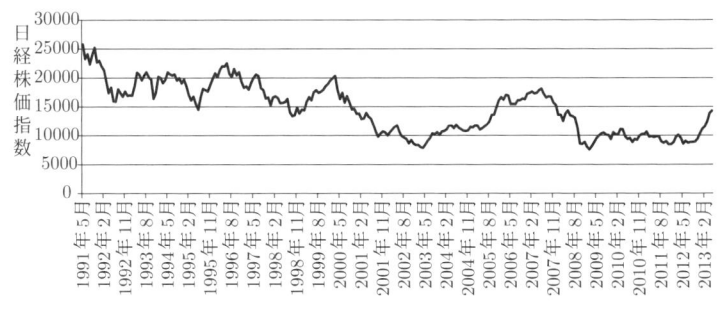

図 6.5　日経 225 株価指数月次データ 1991.4〜20013.5
出典：Yahoo ファイナンスより

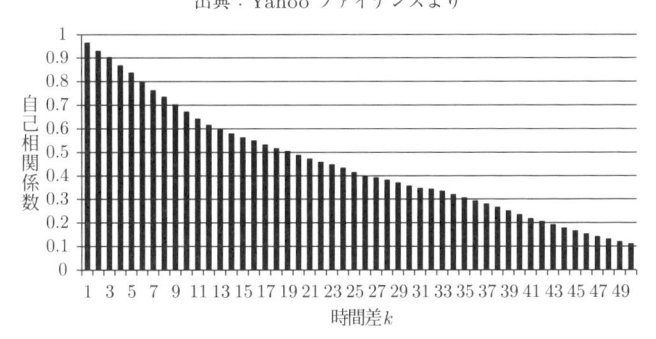

図 6.6　日経 225 株価指数月次データのコレログラム 1991.4〜20013.5
出典：Yahoo ファイナンスより

ラフをコレログラムといいます．日経 225 のコレログラムは k が大きくなるに従って自己相関係数が減少していく顕著な例といえます．

コレログラムにはこのように正の値をとりながら単調に減少する以外にもいろいろなタイプがあります．

以上，時系列にしばしば見られる自己相関を持つ変動パターンを例示しましたが，このような変動を記述する数学モデルとして自己回帰モデルと呼ばれるモデルがあります．次節ではこのモデルについて説明しましょう．

6.5　自己回帰モデル

自己相関を持つ時系列を生成する最も単純なモデルとして **1 階の自己回帰モデル**と呼ばれる次のようなモデルがあります．このモデルでは t 時点における値 x_t と 1 時点前の x_{t-1} との間には

$$x_t = \alpha x_{t-1} + u_t \tag{6.8}$$

という関係があると仮定されます．ここに α は，$|\alpha| < 1$ を満たす係数，また u_t は独立・同一の平均，分散 σ_u^2 を持つ正規分布に従うと仮定します．すなわち $u_t \sim iid\,N(0, \sigma_u^2)$ と仮定します．これらの仮定によってすぐあとに示される「定常性」という性質が保証されます．このモデルは英語では First Order Autoregressive Model と表され，AR(1) モデルと略記されます．(6.8) 式では t 時点における x_t と 1 時点前の x_{t-1} の関係しか表していないように見えますが，(6.8) 式の時点を 1 期ずらした関係式

$$x_{t-1} = \alpha x_{t-2} + u_{t-1}$$

を (6.8) の右辺に代入すれば

$$x_t = \alpha^2 x_{t-2} + \alpha u_{t-1} + u_t$$

と書けます．このような代入を n 回繰り返せば

$$x_t = \alpha^{n+1} x_{t-n-1} + \alpha^n u_{t-n} + \alpha^{n-1} u_{t-n+1} + \cdots + \alpha^2 u_{t-2} + \alpha u_{t-1} + u_t$$

となりますから，AR(1) モデルで生成される x_t は，x_t の過去の値 $x_{t-1}, x_{t-2}, x_{t-3}, \cdots$ と過去の攪乱項 $u_{t-1}, u_{t-2}, u_{t-3}, \cdots$ の影響を受けていることが分かります．ただし $|\alpha| < 1$ と仮定されているので，過去に遡るほど過去の値 $x_{t-1}, x_{t-2}, x_{t-3}, \cdots$，および $u_{t-1}, u_{t-2}, u_{t-3}, \cdots$ の現在値 x_t への影響は指数的に減少していくことが分かります．AR(1) モデルを拡張したモデル

$$x_t = \alpha_0 + \alpha_1 x_{t-1} + \alpha_2 x_{t-2} + \cdots + \alpha_k x_{t-k} + u_t \tag{6.9}$$

を k 階の自己回帰モデルといい AR(k) と表します．AR(1) モデルから生成される時系列の理論的特性に関しては以下のことが知られています (証明は省略します)．

1) x_t の期待値 $\mu_x = E(x_t) = 0$
2) x_t の分散 $\sigma_x^2 = V(x_t) = \frac{\sigma_u^2}{1-\alpha^2}$
3) x_t と x_{t-s} の共分散 $Cov(x_t, x_{t-s}) = E(x_t - \mu_x)(x_{t-s} - \mu_x) = \alpha^s \frac{\sigma_u^2}{1-\alpha^2}$
4) x_t と x_{t-s} の s 階の自己相関係数 $\rho(s) = \alpha^s$

ここで平均と分散を表す式は時点 t に無関係となっています．また，共分散 (または自己相関) は時間差 s だけに依存しています．このような時系列の性質を定常性といい，定常性を満たす時系列を定常時系列といいます．AR(1) 過

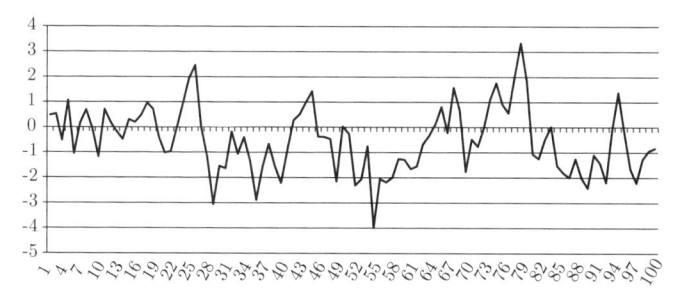

図 6.7 AR(1) モデルに基づいて実現した時系列
($x_0 = 0, \alpha = 0.6, u_t \sim N(0,1)$)

程が定常であるためには $|\alpha| < 1$ が満たされなければなりませんから，$|\alpha| < 1$ を AR(1) の定常性の条件といいます．定常性を持たない時系列を**非定常時系列**といいます．経済時系列の中には非定常系列が多くみられます．

さて AR(1) モデルから生成される定常時系列の 2, 3 の特徴を見るために (6.8) 式を使って人工的に $x_t, x_{t-1}, x_{t-2}, x_{t-3}, \cdots, x_0$ を生成してみましょう．ここに x_0 は系列の初期値を表します．以下のシミュレーションでは $x_0 = 0, \alpha = 0.6$ としました．また独立・同一の正規分布に従う撹乱項 u_t はコンピュータによって機械的に発生させたものを用います．このように人工的に作られた正規分布に従う確率変数を**正規乱数**といいます．その結果実現した AR(1) の時系列を図 6.7 に示しておきます．ここで「実現した」と形容した理由は，AR(1) モデルから生成される時系列の経路 (時系列パス) は無数にありえますが，その中からある 1 本のパスが実現したという意味です．

図 6.8 の実線は，この実現した時系列パスから計算された自己相関係数です．また点線は AR(1) モデルの理論的自己相関係数です．

図 6.5 の日経 225 の時系列グラフと図 6.7 の AR(1) モデルから人工的に生成されたグラフは似ているように見えます．そこでこの日経 225 時系列は定常な AR(1) モデル $x_t = \alpha x_{t-1} + u_t$ から生成されたものと見なして，係数 α を最小 2 乗法で推定してみました．その結果 α の推定値は 0.994 になりました．すなわち日経 225 の時系列から AR(1) モデルは

$$x_t = 0.994 x_{t-1} + u_t$$

と推定されました．またこのとき決定係数は 0.953 と計算されましたので，この AR(1) モデルは極めてよく観察値に当てはまっていることが分かります．

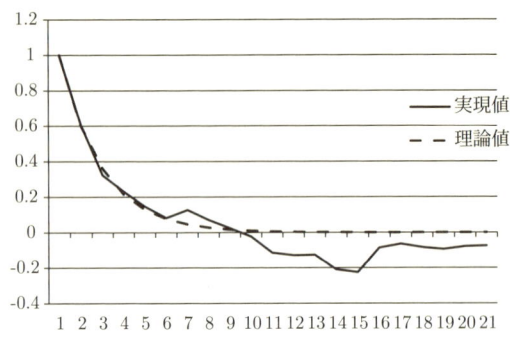

図 6.8　AR(1) モデルのコレログラム (理論値と実現値)

6.6　非定常時系列

前節では日経 225 の時系列データから AR(1) モデルを推定した結果，係数推定値は非常に 1 に近い 0.994 という値を得ました．事実，株価の時系列では係数推定値 $\hat{\alpha}$ が 1 に非常に近いかまたは 1 をわずかに超える場合がしばしば観察されます．このような観察結果は，元の時系列が $\alpha = 1$ の AR(1) モデルから生成された可能性を示しています．もしそうだとすると先に見た定常性の条件を満たさないことになります．非定常時系列では定常時系列で使われる統計的推測の理論的枠組みが適用できません．非定常時系列に対して定常時系列の分析法を用いると誤りを犯すことになりますから，定常性が満たされているかどうかをチェックする必要があります．AR(1) モデルの場合なら $\alpha = 1$ かどうかをチェックする必要があります．$\alpha = 1$ の場合を単位根といい，それをチェックすることを単位根検定といいます．また $\alpha = 1$ の場合はランダムウォークとも呼ばれます．1 期先の動きは攪乱項によって決まるので，x_t の変化がまったくランダムになるからです．ランダムウォークは金融時系列データだけでなく多くの経済時系列データにおいても観察されます．単位根の検定方法はいろいろありますが，最もポピュラーな方法として Dickey–Fuller の検定 (以後 DF 単位根検定と略記します．補論 6.2 参照) と呼ばれる方法があります．単位根検定の理論については本書のレベルを超えますので省略します．ここでは AR(1) の場合に限定して，DF 単位根検定を上の日経株 225 に適用した結果だけを示しましょう．図 6.9 の 3 本の

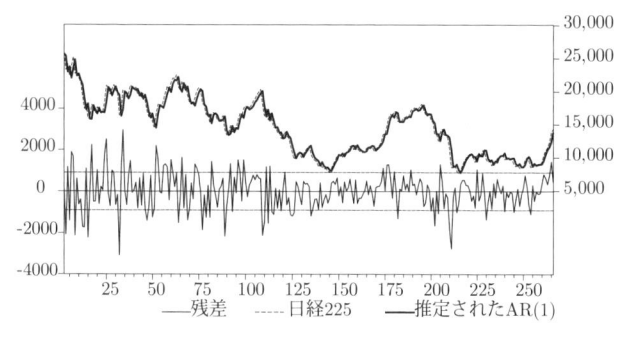

図 6.9 日経 225 株価指数月次データ (1991.4〜20013.5) の時系列

時系列のうち点線は日経 225 月次データ (1991 年 4 月〜20013 年 5 月) の時系列を表しています．また実線は推定された AR(1) 系列 $\hat{y}_t = \hat{\alpha} y_{t-1}$ を表しています．また下側の系列は原系列と推定された系列の差である残差を表しています．この推定結果に対して DF 単位根検定を適用した結果，日経 225 の時系列では帰無仮説 $\alpha = 1$ は棄却できないという結論が得られました．単位根を持つという現象は株価時系列だけでなく多くの経済時系列において観察されています．

次に経済時系列においてしばしば現れるもう 1 つの非定常性について説明します．図 6.9 の残差系列をよく見ると，残差変動が比較的大きい時期と小さな時期に分かれていることが読みとれます．ファイナンスでは分散のことをボラティリティといいます．図 6.9 は言い換えると，ボラティリティが大きい期間と小さい期間に分かれています．このような現象をボラティリティ・クラスタリングといいます．また分散が一定ではない場合を分散の不均一性 (heteroscedasticity) といいます．この残差系列は AR(1) モデルの攪乱項 u_t の推定された系列と考えられますから，残差系列にボラティリティ・クラスタリングが見られるということは，攪乱項 u_t の系列にもボラティリティ・クラスタリングが存在している可能性があります．ボラティリティ・クラスタリングを記述するモデルとしてよく使われるものに **GARCH** (Generalized Autoregressive Conditional Heteroschedastic) モデルがあります．このモデルの最も簡単な場合は，時点 t における分散 σ_t^2 の時間的変動を次のように想定します．

$$\sigma_t^2 = \omega + \alpha_1 u_{t-1}^2 + \beta_1 \sigma_{t-1}^2 \tag{6.10}$$

すなわち時点 t の分散は 1 期前の攪乱項の 2 乗と 1 期前の分散の影響を受け

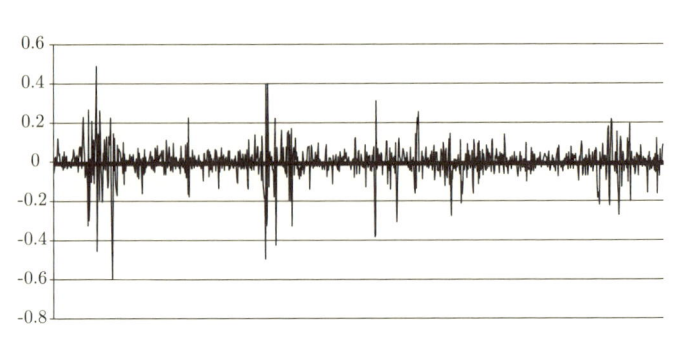

図 6.10 人工的に生成した GARCH(1,1) の 1 例
$\omega = 0.001, \alpha = 0.98, \beta = 0.015$

て決まるという想定です．このようなモデルを GARCH(1,1) モデルといいます．上で図 6.9 の太い実線は日経 225 の時系列に推定された AR(1) モデルを当てはめた結果だといいましたが，実はより正確にいうとこの実線は攪乱項の分散が GARCH モデルに従う場合の AR(1) モデルを当てはめた結果を表しています．AR(1) の攪乱項に (6.10) 式を想定し，GARCH の係数 ω, α_1, β_1 も推定した結果，それぞれの推定値は $\hat{\omega} = 13156.22$, $\hat{\alpha}_1 = 0.55308$, $\hat{\beta}_1 = 0.920661$ と計算されました．図 6.10 は，(6.10) 式において $\omega = 0.001$, $\alpha = 0.98$, $\beta = 0.015$ のときの人工的に σ_t^2 を生成された一例を示したものです．このグラフからボラティリティ・クラスタリング現象の典型的パターンを読みとることができます．

以上で経済時系列，特にファイナンスの時系列分析で最も重要な概念である単位根とボラティリティ・クラスタリングについて初歩的な紹介しましたが，これらについてもっと知りたい読者は参考文献に挙げた文献を読まれるとよいでしょう．

補論 6.1　ダービン・ワトソン検定

次の式で表されるモデルを，誤差項に 1 階の自己相関を持つ回帰モデルといいます．

$$y_t = a + bx_t + u_t$$

$$u_t = \alpha u_{t-1} + \varepsilon_t \sim N(0, \sigma_u^2)$$

ここで $|\alpha| < 1$ とします．いま対立仮説を $H_1{:}\alpha > 0$ のもとで帰無仮説を $H_0{:}\alpha = 0$ を検定するとき，ダービン・ワトソン検定が最もよく用いられます．この検定では，回帰式の最小 2 乗残差 e_t を使って，以下に定義される式の値を求めます．

表 6.3 ダービン・ワトソン検定の 5%臨界点

n	$k=1$ 下限 (d_l)	$k=1$ 上限 (d_u)	$k=2$ 下限 (d_l)	$k=2$ 上限 (d_u)	$k=3$ 下限 (d_l)	$k=3$ 上限 (d_u)	$k=4$ 下限 (d_l)	$k=4$ 上限 (d_u)	$k=5$ 下限 (d_l)	$k=5$ 上限 (d_u)
15	1.08	1.36	0.95	1.54	0.82	1.75	0.69	1.97	0.56	2.21
20	1.20	1.41	1.10	1.54	1.00	1.68	0.90	1.83	0.79	1.99
25	1.29	1.45	1.21	1.55	1.12	1.66	1.04	1.77	0.95	1.89
30	1.35	1.49	1.28	1.57	1.21	1.65	1.14	1.74	1.07	1.83
35	1.40	1.52	1.34	1.58	1.28	1.65	1.22	1.73	1.16	1.80
40	1.44	1.54	1.39	1.60	1.34	1.66	1.29	1.72	1.23	1.79
45	1.48	1.57	1.43	1.62	1.38	1.67	1.34	1.72	1.29	1.78
50	1.50	1.59	1.46	1.63	1.42	1.67	1.38	1.72	1.34	1.77
55	1.53	1.60	1.49	1.64	1.45	1.68	1.41	1.72	1.38	1.77
60	1.55	1.62	1.51	1.65	1.48	1.69	1.44	1.73	1.41	1.77
65	1.57	1.63	1.54	1.66	1.50	1.70	1.47	1.73	1.44	1.77
70	1.58	1.64	1.55	1.67	1.52	1.70	1.49	1.74	1.46	1.77
75	1.60	1.65	1.57	1.68	1.54	1.71	1.51	1.74	1.49	1.77
80	1.61	1.66	1.59	1.69	1.56	1.72	1.53	1.74	1.51	1.77
85	1.62	1.67	1.60	1.70	1.57	1.72	1.55	1.75	1.52	1.77
90	1.63	1.68	1.61	1.70	1.59	1.73	1.57	1.75	1.54	1.78
95	1.64	1.69	1.62	1.71	1.60	1.73	1.58	1.75	1.56	1.78
100	1.65	1.69	1.63	1.72	1.61	1.74	1.59	1.76	1.57	1.78

補論6.1 ダービン・ワトソン検定

$$d = \frac{\sum_{t=2}^{T}(e_t - e_{t-1})^2}{\sum_{t=1}^{T} e_t^2}$$

理論的説明は省略しますが，大まかにいえば，データから計算された d の値が 0 に近い値をとれば正の自己相関 ($\alpha > 0$) があると判定され，d の値が 2 に近い値をとれば自己相関がないと判定されます．ダービン・ワトソンの表 6.3 には判定に必要な臨界値の下限 d_l と上限 d_u が示されています．d_l と d_u の値は，回帰モデルの右辺に含まれる定数項を除く説明変数の数 k とデータの個数 n ごとに表のように与えられます．この表から手元にあるデータとモデルの k と n に対応する d_l と d_u をもとめ，次のように帰無仮説 H_0 の採否を決めます．

$0 < d < d_l$ のとき $\Rightarrow$ H_0 を棄却 (正の自己相関がある)

$d > d_u$ のとき $\Rightarrow$ H_0 を採択 (自己相関がない)

$d_l < d < d_u$ のとき $\Rightarrow$ 結論保留

対立仮説が $H_1: \alpha < 0$ の場合は d を $d' = 4 - d$ に置き換えて上と同じ手順を踏んで検定を行います．ダービン・ワトソン検定ではこのように，結論保留となる領域があります．

5.2 節のフィリップス曲線の例では，計算すると $d = 0.829$ となりました (練習問題 [2] 参照)．この例で使った回帰モデルでは定数項を除く説明変数が 1 つで，データの個数 n は 22 でしたから，検定統計量の 5%臨界値 d_l は表 6.3 の $n = 20$ のと

きの $d_l = 1.20$ と $n = 25$ のときの $d_l = 1.29$ の中間の値をとって $d_l = 1.24$ とします。したがって $d < d_l$ となるので，$H_0: \alpha = 0$ が棄却され，$H_1: \alpha > 0$ が示唆されます。実際に残差の自己相関を計算すると正の自己相関係数は 0.58 となりました。表 6.3 にダービンワトソン検定の 5% 臨界点が与えられています。

補論 6.2　Dickey–Fuller の検定

本文で説明したように AR(1) モデルにおいて $\alpha = 1$ のとき，すなわち

$$x_t = x_{t-1} + u_t, \qquad u_t \sim iid\, N(0, \sigma_u^2) \tag{6.11}$$

の場合を単位根過程，あるいはランダム・ウォークといいます．(6.11) のモデルでは x_{t-1} が次の時点 t 期で上がるか下がるかはランダムに変動する u_t のみによって決まります。時点が離れれば離れるほど振れ幅が大きくなります．ランダム・ウォークは酔っ払いがふらふら歩く様子に似ているところから酔歩と呼ばれることがあります．この補論では実際のデータがランダムウォークに従っているかどうか，言い換えれば $\alpha = 1$ かどうかを検定する方法を紹介します．このような検定を単位根検定といいます．経済の実証分析では (6.11) のようなタイプの他に，下記のような定数項があるモデル (6.12) と定数項と時間的傾向線（トレンド）があるモデル (6.13) が想定されることがあります．

$$x_t = c + x_{t-1} + u_t \tag{6.12}$$
$$x_t = c + bt + x_{t-1} + u_t \tag{6.13}$$

いずれのモデルも $u_t \sim iid\, N(0, \sigma_u^2)$ とします．これらはいずれも単位根過程です．これら 3 つのモデルにおいて，単位根検定では帰無仮説 $H_0: \alpha = 1$，対立仮説 $H_1: \alpha < 1$ として検定します．(6.12) のモデルは，ある傾向線の周辺でランダムな動きになります．(6.13) のモデルは (6.11) のモデルと (6.12) のモデルをあわせ持った動きをします．これら 3 つの単位根過程の挙動はかなり違ったものとなります．3 つの例を図 6.11 から図 6.13 に示しておきます．

これらの 3 つの例では変動幅（縦軸の目盛）が大きく異なることに注目してください．モデル (6.12) と (6.13) では時間の経過とともに x_t の値が次第に大きくなり発散する傾向が見られます．このような過程を発散過程といいます．以下ではモデル (6.11) に限定して具体的に説明を行います．はじめに AR(1) モデルに対して差分を計算します．差分とは文字どおり変数の差として定義されます．隣り合った変数から差を求める演算を表す記号を Δ としましょう．このとき Δx_t は

$$\Delta x_t = x_t - x_{t-1}$$

となります．モデル (6.8) の両辺から x_{t-1} を引き差分記号を使って表せば，次の式が得られます．

図 6.11 モデル (6.11) $x_t = x_{t-1} + u_t$ のグラフ

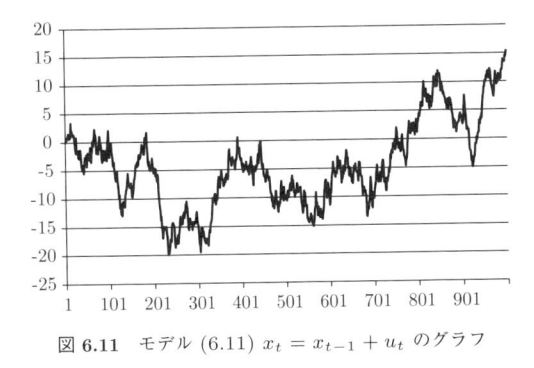

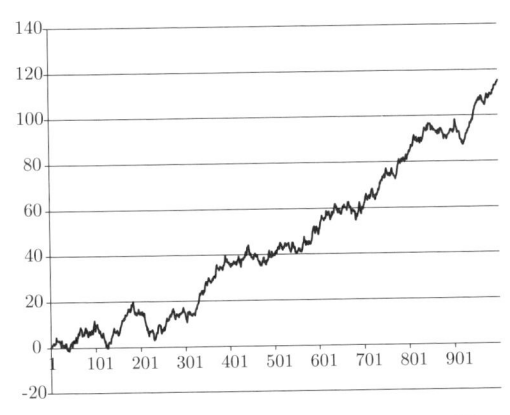

図 6.12 モデル (6.12) $x_t = 0.1 + x_{t-1} + u_t$ のグラフ

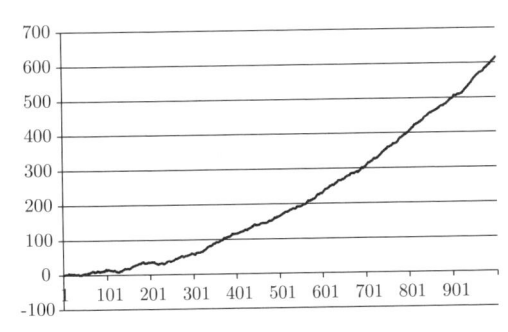

図 6.13 モデル (6.13) $x_t = 0.1 + 0.001t + x_{t-1} + u_t$ のグラフ

表 6.4　Dickey–Fuller の検定の臨界値

n	モデル (6.11)		モデル (6.12)		モデル (6.13)	
	1%	5%	1%	5%	1%	5%
25	−2.65	−1.95	−3.75	−2.99	−4.38	3.6
50	−2.62	−1.95	−3.59	−2.93	−4.16	−3.5
100	−2.6	−1.95	−3.5	−2.9	−4.05	−3.45
500	−2.58	−1.95	−3.44	−2.87	−3.97	−3.42
∞	−2.58	−1.95	−3.42	−2.86	−3.96	−3.41

Introduction to Statistical Time Series, Second Edition, Wayne A. Fuller, John Wiley & Sons, 1996 より抜粋

$$x_t - x_{t-1} = \alpha x_{t-1} + u_t - x_{t-1}$$
$$\Delta x_t = \alpha x_{t-1} - x_{t-1} + u_t$$
$$= (\alpha - 1)x_{t-1} + + u_t$$
$$= \delta x_{t-1} + u_t$$

ここで $\delta = \alpha - 1$ です．この式を用いて，以下のような検定を考えます．

$$\text{モデル} : \Delta x_t = \delta x_{t-1} + u_t \tag{6.14}$$
$$\text{仮説検定：帰無仮説 } H_0 : \delta = 0, \quad \text{対立仮説 } H_1 : \delta < 0$$

(6.14) 式における帰無仮説 $H_0 : \delta = 0$ と，モデル (6.11) における帰無仮説 $H_0 : \alpha = 1$ とは単位根検定として同じことになります．そこで δ を最小 2 乗法で推定して $\delta = 0$ かどうかを検定します．ここで，対立仮説を $\delta < 0$ としたのは，通常，経済変数では発散過程を想定しないためです．第 5 章で見たように通常の回帰モデルの係数の検定では，$t = (\hat{b} - b)/s_b$ は自由度 $n - 2$ の t 分布に従うことから，その臨界値は t 分布が利用できました．しかしながら，Dickey–Fuller 検定では，t 値に相当する値 (ここでは τ (タウ) とします)

$$\tau = \frac{\hat{\delta}}{s_{\hat{\delta}}} \quad (\text{ただし} \hat{\delta} \text{は} \delta \text{の最小 2 乗推定量}, s_{\hat{\delta}} \text{は} \hat{\delta} \text{の標準偏差} \sqrt{\sum e_t^2/(n-1)})$$

はもはや t 分布に従わず特殊な分布になり，データ数と想定しているモデルによって棄却域の臨界値が異なります．表 6.4 では各モデルのデータ数における τ の 1% と 5% の臨界値を示しています．ここで 6.4 節における日経 225 の例を使って，Dickey–Fuller 検定を行いましょう．日経 225 の 136 か月分の月次データで AR(1) モデルを推定した場合，

$$x_t = 0.994 x_{t-1} + u_t$$

と推定されました．では，このモデルが単位根であるかどうかを上述の方法で検定します．(6.14) 式を最小 2 乗法によって推定したら $\hat{\delta} = -0.006$ となりました．すなわち

$$\Delta x_t = -0.006 x_{t-1} + u_t$$

この推定結果からτを計算すると$\tau = -1.536$となり，1%および5%の臨界値を超えないため，帰無仮説$H_0: \delta = 0$を棄却できません．この結果から日経225の月次データは単位根に従うと考えられます．この表のモデル(6.11)の列は，ランダム・ウォークモデル(6.11)における単位根検定の臨界値を表しています．この表にはモデル(6.12), (6.13)に対する臨界値も示されています．Dickey–Fuller検定以外にもいくつかの単位根検定法が考えられていて，そのための数表も用意されています．

練習問題

[1] 過去1年間の日経225の日次データを使って，以下の問いに答えなさい（日次データは例えばYahooファイナンスから入手できます．http://stocks.finance.yahoo.co.jp/stocks/history/?code=998407.O）．
  ① 横軸は時間，縦軸は株価として折れ線グラフを描きなさい．
  ② データから標本平均，標本標準偏差を計算しなさい．
  ③ 3項移動平均を計算し，横軸は時間，縦軸は平均の値として折れ線グラフを描きなさい．
  ④ 1階の自己相関係数を計算しなさい．
  ⑤ AR(1)モデルを推定し，Dickey–Fuller検定を行いなさい．
  ⑥ 日次データの収益率を使って，上記の①〜⑤を行いなさい．
  ⑦ 株価データを使った場合と収益率を使った場合ではどのような違いがあるか述べなさい．

[2] （ダービン・ワトソン検定）
5.2節の図5.7は，消費者物価指数(y)と失業率(x)の回帰直線からの残差グラフです．このグラフから，残差に循環的変動があるように見えます．下の表のA列は残差系列e_t，B列はe_t^2，C列は$(e_t - e_{t-1})^2$の計算値です．この表を使ってダービン・ワトソン検定を行い，この回帰分析を評価しなさい．

A	B	C	A	B	C
0.4063	0.165		0.5579	0.3113	0.1068
−0.665	0.4425	1.148	0.8972	0.805	0.1151
−0.951	0.9043	0.0816	0.5901	0.3482	0.0943
−0.917	0.841	0.0012	−0.149	0.0223	0.5466
−1.13	1.2759	0.0452	0.1365	0.0186	0.0816
−0.71	0.504	0.1761	−0.283	0.0802	0.1761
0.3883	0.1508	1.2062	0.6955	0.4837	0.9577
0.649	0.4213	0.068	0.1115	0.0124	0.341
0.0776	0.006	0.3266	0.2579	0.0665	0.0214
−0.142	0.0202	0.0482	0.124	0.0154	0.0179
0.2311	0.0534	0.1393	−0.176	0.031	0.09
		(右上に続く)		6.979	5.789

[3] (ARMA(1,1) 過程)

(6.8) 式で定義された AR(1) モデルでは攪乱項 u_t は独立・同一の分布に従うと定義されました．このモデルを

$$y_t = \alpha y_{t-1} + u_t - \beta u_{t-1} \tag{6.15}$$

のように変更してみましょう．新しい攪乱項は $u_t - \beta u_{t-1}$ は 1 階の移動平均過程 (first order moving average process または MA(1) 過程) と呼ばれます．そして，(6.15) 式のような過程を ARMA(1,1) 過程といいます．この過程では右辺の変数 y_{t-1} と攪乱項 $u_t - \beta u_{t-1}$ との間には相関が生じることを確かめなさい (ヒント：右辺の y_{t-1} は u_{t-1} の影響を受けていることを確認しなさい)．なお，この例のように回帰モデルの右辺に現れる説明変数と攪乱項の間に相関がある場合，最小 2 乗推定量は偏りがあることが知られています．

7 確率・統計の応用
—リスク管理と確率・統計—

7.1 金融デリバティブと確率・統計
7.2 生命保険と確率・統計
7.3 ポートフォリオ分析入門
7.4 オプション価格入門

7.1 金融デリバティブと確率・統計

　生命保険，銀行預金，国債，株式，外貨の保有など，ほとんどの人々は何らかの金融商品と無縁ではありません．サラリーマンの場合は，給与から一定の年金・保険の掛け金を払っていますし，それらの掛け金は保険会社や証券会社などの機関投資家の運用に任せられています．機関投資家たちは外国の金融商品にも投資しているので，為替レートも私たちの暮らしに大きくかかわっています．さらに様々な金融商品を組み合わせた金融デリバティブと呼ばれる複雑な金融商品もあります．

　金融商品の価格は絶えず変動するので，それを保有することによって収益(リターン)が得られることもありますが，同時に損失を被る危険(リスク)も孕んでいます．そして金融商品の価格は，市場において投資家たちがリスクとリターンを評価しつつ行動した結果，ある適正な水準の周りを変動すると考えられます．金融商品の変動パターン，リスク，リターン，適正価格などを，確率論，統計学，数学などを用いて理論的，実証的に研究する分野を金融工学といいます．現代社会に住む私たちは，好むと好まざるにかかわらず，金融商品にかかわりを持っていますから，今やすべての人にとって金融商品に関する基礎知識が必要不可欠になってきたといっても過言ではありません．

　この章では本書でこれまでに説明してきた確率・統計の知識を使って金融商品とそのリスク，リターン，適正価格について解説します．初歩的な確率・統計の知識があれば，金融工学の中心テーマであるポートフォリオ理論とオプション価格理論についての基本を理解していただけると思います．

7.2 生命保険と確率・統計

第3章で IBM 社が展示した確率機械を紹介しましたが,この機械の説明には「落ちる球を見ていると,1つ1つの玉の落ちる経路は予測できないが,たくさんの玉を全体でみれば規則的で予測可能なパターンを形づくっている. 1人1人の寿命は不確実だが,たくさんの人間の平均寿命は予測できる.そこに生命保険が生まれる.」と記されているとのことです (『統計学でリスクと向き合う』第2刷 125 頁,宮川公男著,2008 年,東洋経済新報社).この説明文は,確率・統計と生命保険の関係を簡潔に述べています.この節では,確率・統計が生命保険にどのように関係しているかをさらに詳しく見てみましょう.生命保険料の算出のためには生命表という表が使われます[*1].生命表とは過去のデータから計算された年齢別の死亡率を表した表のことです.現代の日本では厚生労働省によって精緻な生命表が作成され公表されています.表 7.1 の死亡率は厚生労働省が公表している平成 23 年簡易生命表 (男) を模して作った架空の数字です.右端の欄はこの死亡率を人口 10 万当たりに直した数字です.図 7.1 は横軸に年齢,縦軸に死亡率をとってグラフにしたものです.

この表から,1人1人の寿命を予測することはできませんが,各年齢層の人口のうち平均的に何割くらいが死亡するかが予測でき,1人当たりの保険金額と支払い金額を見積もることが可能なのです.

表 7.1 を使って保険料算出方法の基本的考え方を単純化して説明してみましょう.仮に各年代の保険加入者が 10 万人いるとし,死亡した場合は 1000 万円の保険金が支払われるものとします.表 7.1 から 1 年間に死亡する人の数は 13970 人と予想されますから保険金の支払総額は 13970×1000 万円 $= 1397$ 億円になります.この額を加入者 130 万人の保険料で賄わなければなりませんが,1人当たりの保険加入料をどのように決めればよいでしょうか.死亡率の高い年齢層と低い年齢層も同じ保険料では不公平なので,年齢階層ごと

[*1] 実は生命表をはじめて作成したのはハレー彗星を発見した天文学者エドモンド・ハレー卿 (Edmund Halley, 1656–1742) です.彼によって生命表と確率論を使った近代的な生命保険の理論が築かれました.彼の論文「人類の死亡率推定——ブレスラウ市における生誕と埋葬についての興味ある表から得られた結果,年金の価格に関連して」(1693 年) はインターネット上で見ることができます.

表 7.1 架空の簡易生命表 (男)

年齢	加入者(万人)	死亡率	死亡数(人) 10万人当たり
20〜25	10	0.00053	53
25〜30	10	0.00068	68
30〜35	10	0.00072	72
35〜40	10	0.00089	89
40〜45	10	0.0013	130
45〜50	10	0.00198	198
50〜55	10	0.00322	322
55〜60	10	0.0049	490
60〜65	10	0.00803	803
65〜70	10	0.01229	1229
70〜75	10	0.01857	1857
75〜80	10	0.03089	3089
80 以上	10	0.0557	5570
	130		13970

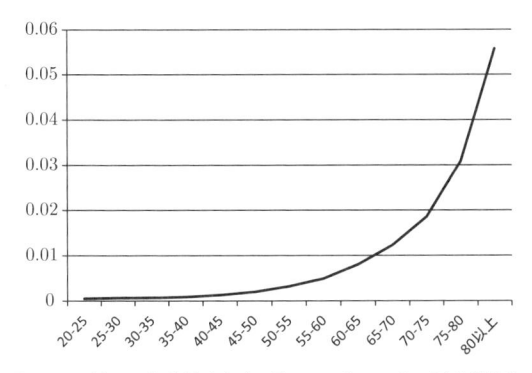

図 7.1 平成 23 年簡易生命表 (男 20 歳–80 歳)(厚生労働省)

に次のように保険料を決めれば公平になると考えられます．例えば 45〜50 歳階級の男性の死亡率は 0.00198 ですから保険に加入しているこの階級の男性 10 万人のうち平均的には 198 人が死亡することが予想されます．したがってこの階級に対する保険金の支払い予想額は 198 × 1000 万円 = 19 億 8000 万円 になります．この 19 億 8000 万円を 45〜50 歳階級の加入者 10 万人で負担するためには 1 人当たりの保険料は 1 万 9800 円となります．一般的には，第 i 年齢階級の 1 人当たり保険加入料は

$$\frac{\text{第 } i \text{ 階級の加入者数} \times \text{その階級の死亡率} \times 1 \text{ 人当たり保険金支払額}}{\text{第 } i \text{ 階級の加入者数}}$$

となります．この式から計算すると，20〜25 歳階級の加入料は 5300 円ですが，60〜65 歳階級では 8 万 300 円，75〜80 歳階級の加入料は 30 万 8900 円

になってしまいます．高齢者にこのような高額の加入料を要求できませんし，高齢者の加入料を低く押さえれば若年層に負担をかけることになりますから，入会者の年齢制限が設けられるわけです．さらに実際には加入者の生活習慣，既往症，健康状態等を加味した詳細な情報を併用して保険加入料が計算されています．このようにして算出された額に，さらに生命保険会社の手数料，営業費などの費用が上乗せされます．

7.3　ポートフォリオ分析入門

　株のような価格が変動する金融資産は将来，価格が高騰して大きな収益(リターン)が期待できる反面，暴落して大きな損失を被る危険(リスク)もあります．ファイナンスでは通常，価格そのものよりも前期から今期にかけての収益率が分析対象とされます．一般的には収益率の変動の大きい資産はリスクも大きくなる傾向があります．したがってリスクの大きさを適切に計測することは，非常に重要です．リスクの最も標準的な尺度としては，収益率の変動の大きさを表す標準偏差が用いられます．ファイナンスではリスクの尺度としての標準偏差をボラティリティと呼びます．高収益(ハイリターン)であるがリスクも高い金融資産はハイリスク・ハイリターンであるといわれます．その反対に収益は低いがリスクも低い資産は，ローリスク・ローリターンといわれます．リターンが同じならリスクの小さいほうを選好する投資家をリスク回避的な投資家といい，リスクを考慮せずリターンの高いほうを選好する投資家をリスク中立的な投資家といいます．以下ではリスク回避的な投資家を前提に分析を進めます．リスクを回避するためには，1種類の資産に集中投資するのではなく，多くの資産に分散投資するほうがいいといわれています．このように多くの資産を組み合わせて所有することを，リスクを分散するといい，過度なリスクを戒めるために「多くの卵を1つの籠に入れてはいけない」という格言が使われることがあります．すべての卵を1つの籠に入れておくと，その籠を落としたらすべての卵が割れてしまいます．しかし，複数の籠に分けて入れておけばその中の1つの籠を落としたとしてもその籠の卵が割れるだけで，残りの籠の卵は割れなくて済むという意味です．このようにリスクを分散するためにはいろいろな金融資産に分散して投資をすることが一般的に推奨されています．金融資産の組み合わせのことをポートフォリオといいます．

ところで危険を分散するという観点からは，もう1つ配慮すべき点があります．ポートフォリオに含まれる複数の資産が，同じように変動する傾向を持っている場合は危険を分散することになりません．卵と籠の例でいえば，複数の籠に卵を分散したとしても，籠がしっかりと繋がれていれば1つの籠が落ちるときは他の籠も同時に落ちるので，危険の分散効果がないことになります．ポートフォリオを構成するときは，この点にも配慮しなければなりません．

この節では分散投資の効果を簡単な例を使って確率・統計の立場から説明します．以下の説明には多くの記号が使用されますので，142頁の表7.3「記号一覧表」を参照しながら読み進んでください．いまポートフォリオの例として2つの銘柄のA株とB株の組み合わせを考えてみましょう．A株の収益率をR_A，B株の収益率をR_Bとします．そして収益率R_AとR_Bは確率的に変動し，過去の経験からその確率変動は，次のような期待値と標準偏差を持つ正規分布に従うことが分かっているとしましょう．

- A株の期待収益率：$E(R_A) = \mu_A$，A株のボラティリティ：$\sqrt{V(R_A)} = \sigma_A$
- B株の期待収益率：$E(R_B) = \mu_B$，B株のボラティリティ：$\sqrt{V(R_B)} = \sigma_B$
- R_AとR_Bの間には相関があり，その相関係数をρ_{AB}とする

さてリスクを分散するためにA株とB株の保有比率がα対$1-\alpha$となるような組み合わせ(ポートフォリオ)を$D(\alpha)$，その収益率をR_Dとすると

$$R_D = \alpha R_A + (1-\alpha)R_B \quad (\text{ただし } 0 \leq \alpha \leq 1)$$

となります．このときR_Dの期待収益率μ_{R_D}と標準偏差σ_{R_D}は次のようになることが知られています．

$$\mu_{R_D} = \alpha\mu_A + (1-\alpha)\mu_B \tag{7.1}$$

$$\sigma_{R_D} = \sqrt{\alpha^2\sigma_A^2 + 2\alpha(1-\alpha)\sigma_A\sigma_B\rho_{AB} + (1-\alpha)^2\sigma_B^2} \tag{7.2}$$

例 7.1 A株(ローリスク・ローリターン)とB株(ハイリスク・ハイリターン)の期待収益率，ボラティリティおよび収益率R_A, R_Bの相関係数は次のように与えられたとします．

	A株	B株
期待収益率	$\mu_A = 0.05$	$\mu_B = 0.1$
ボラティリティ	$\sigma_A = 0.1$	$\sigma_B = 0.2$
相関係数	$\rho_{AB} = -0.8$	

図 7.2　A 株と B 株の収益率 R_A, R_B の散布状況 ($\rho_{AB} = -0.8$)

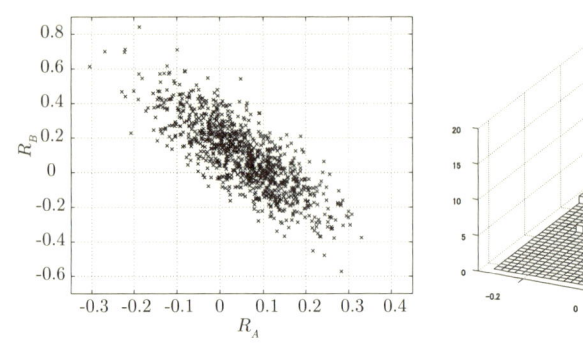

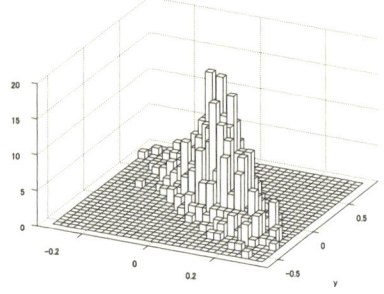

図 7.3　A 株と B 株の収益率 R_A, R_B のヒストグラム

相関係数 $\rho_{AB} = -0.8$ は，この 2 つの株価の収益率 R_A, R_B は反対方向に変動する強い傾向があることを表しています．このような状況の下で 1000 日間の R_A と R_B の収益率を観察した結果，図 7.2, 図 7.3 のようになったとします．この図の中の 1 つの点はある日における R_A と R_B の組み合わせを表しています．ただしここでは，説明を簡単にするために，この 1000 日間において，パラメータ $\mu_A, \mu_B, \sigma_A, \sigma_B, \rho_{AB}$ は一定であると仮定します (実際の株価時系列ではこれらのパラメータは一定ではありません)．図 7.3 は，図 7.2 の散布図から立体的なヒストグラムを描いたものです．表 7.2 は A 株と B 株の保有比率 α をいろいろに変えたときのポートフォリオ $D(\alpha)$ の期待収益率 μ_D とボラティリティ σ_D を (7.1) 式と (7.2) 式から計算した結果を示しています．

表 7.2　ポートフォリオ $D(\alpha)$ の期待収益率 μ_D とボラティリティ σ_D

α	0	0.1	0.2	0.3	0.4	0.5	0.6	0.7	0.8	0.9	1
μ_D	0.1	0.095	0.09	0.085	0.08	0.075	0.07	0.065	0.06	0.055	0.05
σ_D	0.2	0.172	0.145	0.117	0.091	0.067	0.048	0.042	0.054	0.075	0.1

またこの結果をグラフにすると図 7.4 のようになります．この図において横軸は σ_D，縦軸は μ_D です．この曲線の左端の頂点より右側の右上がりの部分 (実線の部分) を有効フロンティアといいます．右下がりの部分 (点線の部分) は投資家に選ばれることはありません．なぜならば，例えばボラティリティが 0.1 に対応する期待収益は 0.05(点線の部分) と 0.081(実線の部分) の上下 2 つあり，リスクが同じなら当然期待収益の高い 0.081 が選ばれるからです．

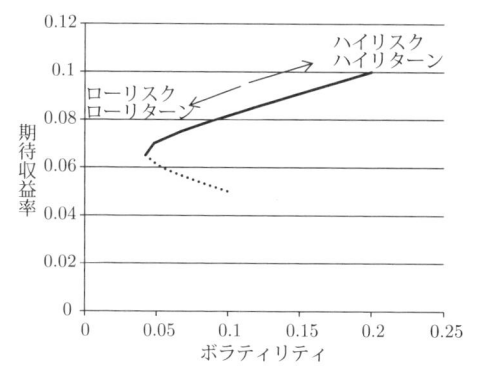

図 7.4 有効フロンティア

さて投資家は A 株と B 株のどのような組み合わせを選ぶべきか，言い換えるとどのような比率 α でポートフォリオを構成すべきかを決定しなければなりません．この決定は投資家がどの程度リスクを許容するかにかかっています．ハイリスク・ハイリターンを望む投資家は α の値を小さくとるでしょうし，安全策をとりたい投資家は α の値を大きくとるでしょう．このように α は投資家のリスク許容度によって変化するので，α の値を一意的に定めることはできません．

ここまでは A 株と B 株の 2 種類の危険資産だけからなるポートフォリオ $D(\alpha)$ を考えてきましたが，このポートフォリオにリスクのまったくない無リスク資産 C を組み入れたらどうなるかを考えてみましょう．そのような無リスク資産として，ここでは利子率 0.01 の銀行預金を考えましょう．そのようなポートフォリオを作ることは，有効フロンティア上のあるポートフォリオ $Z(\alpha)$ と無リスク資産 C を組み合わせたポートフォリオ F を新たに作ることを意味します．C の収益率 (利子率) を R_C で表すと，$R_C = 0.01$ と一定ですから期待収益率も R_C に等しくなります．また C は無リスク資産ですからボラティリティ，すなわち標準偏差 σ_C は 0 です．またリスクが低いということはリターン μ_C も低いと仮定しておきます．では $D(\alpha)$ と C をどのように組み合わせればよいでしょうか．$D(\alpha)$ の期待値 $\mu_{D(\alpha)}$ と標準偏差 $\sigma_{D(\alpha)}$ は上に示した公式 (7.1) と (7.2) によって計算されます．

次にポートフォリオ $D(\alpha)$ と銀行預金 C を γ 対 $(1-\gamma)$ (ただし $0 < \gamma < 1$) の比率で構成されるような新しいポートフォリオ $F(\gamma) = \gamma D(\alpha) + (1-\gamma)C$ を考えてみましょう．いま $F(\gamma)$ は 2 つの資産 $D(\alpha)$ と C の和ですから，F

表 7.3 記号一覧表

金融資産	収益率	期待収益率	ボラティリティ
A 株	R_A	μ_A	σ_A
B 株	R_B	μ_B	σ_B
銀行預金 C (無リスク資産)	R_C	μ_C	0
ポートフォリオ D ($\alpha A + (1-\alpha)B$)	R_D	μ_D (7.1) 式	σ_D (7.2) 式
ポートフォリオ F ($\gamma D + (1-\gamma)C$)	R_F	μ_F (7.3) 式	σ_F (7.4) 式

(この表では $D(\alpha)$ を単に D と表します)

の期待値 μ_γ と標準偏差 σ_γ は公式 (7.1) と (7.2) から ($\sigma_C = 0$ に注意すれば)

$$\mu_F = \gamma \mu_{D(\alpha)} + (1-\gamma)\mu_C \tag{7.3}$$

$$\sigma_F = \sqrt{\alpha^2 \sigma_{D(\alpha)}^2 + 2\gamma(1-\gamma)\sigma_{D(\alpha)}\sigma_C \rho_{D(\alpha)C} + (1-\gamma)^2 \sigma_C^2} = \alpha \sigma_{D(\alpha)} \tag{7.4}$$

となります.ここで $\rho_{D(\alpha)C}$ は $D(\alpha)$ と C の相関係数です.

例 7.2 上のポートフォリオの数値例において $\alpha = 0.4$ の場合を例として取り上げてみましょう.このときポートフォリオ $D(\alpha) = D(0.4)$ の期待値と標準偏差は表 7.2 より $\mu_{D(0.4)} = 0.08$, $\sigma_{D(0.4)} = 0.091$ であることが分かります.いろいろな γ の値に対して μ_γ と σ_γ の値を計算してそれらの値を図 7.4 に重ねて描くと下の図 7.5 の右上がりの直線になります.この直線上の●印は様々な γ に対応しています.一番左下の $\gamma = 0.0$ (すべて C に投資) から,0.1 刻みに一番右上の $\gamma = 1.0$ (すべてポートフォリオ $D(0.4)$ に投資) までの γ の値に対してポートフォリオ $F(\gamma)$ の標準偏差 (横軸) と期待収益率 (縦軸) を表しています.例えば中間の A 点の座標は $F(0.5) = 0.5D(0.4) + 0.5C$ という構成のポートフォリオの期待収益率と標準偏差を表しています.

ここで点 D を曲線上に沿って左に移動させると,点 R_C と点 D を結ぶ直線の傾きが大きくなり,やがては図 7.6 の直線 P のように直線は曲線に接するようになります (図 7.6 の直線 P は曲線の頂点で接しているように見えますがそうではありません.接点と頂点の位置関係を拡大すると図 7.7 のようになります).

この図の横軸はボラティリティ,縦軸は収益率ですから,これらの直線の勾配はボラティリティすなわちリスク 1 単位当たりの収益率の変化の大きさ

$$\frac{\text{ポートフォリオ } F \text{ の期待収益率}}{\text{ボラティリティ}}$$

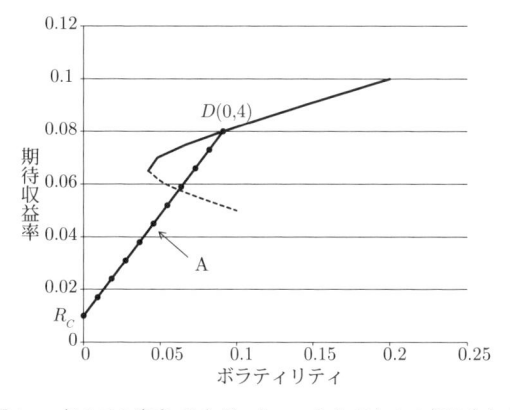

図 7.5 無リスク資産 C とポートフォリオ $D(\alpha)$ の組み合わせ

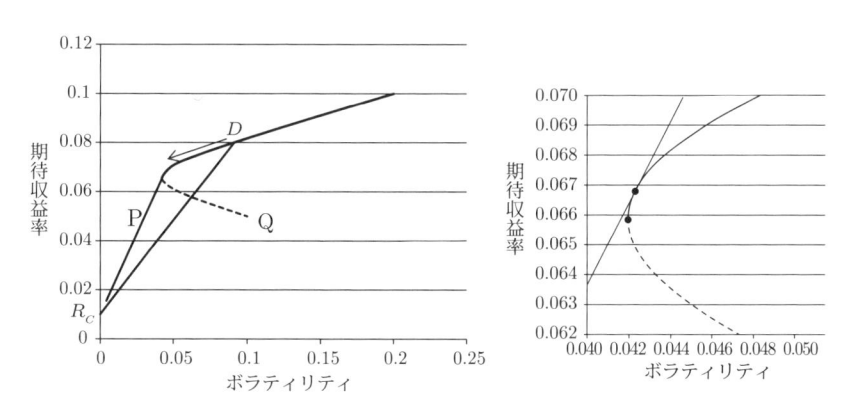

図 7.6 無リスク資産 C とポートフォリオ D との最適な組み合わせ

図 7.7 接点付近拡大図

を表しています．すなわちリスクが 1 単位増すと F の期待収益が何単位増えるかを表しています．直線の勾配が急なほどリスクが 1 単位増えたとき期待収益の増加は大きくなります．それが最大になるのは直線が接線と接する直線 P の場合ですから，直線 P と曲線 Q の接点がリスク 1 単位当たりの期待収益が最大になるという意味で最適な点です．すなわちこの点で求まる α を用いてポートフォリオ F

$$F(\gamma) = \gamma D(\alpha) + (1-\gamma)C \tag{7.5}$$

を構成するとき，F のリスク 1 単位当たりの期待収益率が最大になります．

このように銀行預金 (無リスク資産) C とポートフォリオ D を組み合わせると 2 つの危険資産，A 株と B 株の保有比率 $\alpha : 1-\alpha$ が一意的に決まりま

す．α の値はこの接線上では一定です．このように α の値は決まりましたが，まだ γ の値を決める問題が残っています．この点についての考察は上級の教科書を参照してください．

以上 2 つの危険資産と 1 つの無リスク資産で構成されるポートフォリオについて数値例と図解によって説明しました．さらに n 種類の危険資産が含まれる一般的な場合の最適解についても，数学的に精緻な理論が確立されています．興味のある読者は専門書を参考にしてください．ここでは，単純化された事例を使って初等的に説明しましたが，ポートフォリオ理論の基本的考え方は十分とらえられています．

7.4　オプション価格入門

▷ **複利計算，割引現在価値**

いま 10000 円を年利子率 $r = 3\%$ で預金したとしましょう．このとき 1 年後の元利合計 S_1 は

$$S_1 = 10000 + 10000 \times 0.03 = 10000 \times (1 + 0.03) = 10300 \text{ 円}$$

となります．この式を書き換えれば

$$\frac{10300}{1 + 0.03} = 10000$$

となります．この式の左辺のように $1 +$ 利子率 で割る操作を利子率で割り引くといいます．また右辺の割り引かれた値を割引現在価値といいます．1 年後の元利合計をそのまま預け続けると 2 年後の元利合計 S_2 は

$$S_2 = 10300 + 10300 \times 0.03 = 10300 \times (1 + 0.03) = 10000 \times (1 + 0.03)^2$$
$$= 10609$$

となり，以下同様に n 年後の元利合計 S_n は

$$S_n = 10000 \times (1 + 0.03)^n$$

となります．一般に初年度に年利子率 r で A_0 円預けたとき n 年後の元利合計は

$$S_n = A_0 \times (1 + r)^n$$

と書くことができます．このように預金を引き出すことなく継続したときの利子の計算を**複利計算**といいます．上の式から

$$A_0 = \frac{S_n}{(1+r)^n}$$

という関係が成り立ちます．この関係式は将来 (n 年後) の S_n 円を年利子率 r で割り引いたものは現在の A_0 円と等価であることを示しています．これを n 年後の S_n 円の**割引現在価値**は A_0 円であるといいます．上の数値例に即していえば，年利子率が 3% のとき現時点の 10000 円と 1 年後の 10300 円はまったく等価になります．10000 円を 1 年間銀行に預ければ 1 年後には 10300 円になるからです．

▷ **オプション取引**

ある証券 (例えば株式) を約束の期日に，あらかじめ定められた価格で売買する権利を与える権利書を**オプション**といいます．例えば，現在 10000 円の株券を 3 か月後に 10000 円で買う権利を与える権利書はオプションの一種です．このとき売買の対象となる証券を**原資産**，約束の期日を**満期日**，権利書に定められた一定の価格を**行使価格**といいます．いま例として，この権利を 50 円で買ったとします．権利の購入価格 (権利料) を**オプション価格**といいます．満期日に原資産を，定められた価格で買う権利のことを**コール・オプション**，売る権利のことを**プット・オプション**といいます．さらに満期日にのみ権利を行使できるオプションを**ヨーロピアン・オプション**といい，ヨーロピアン・コール・オプションとヨーロピアン・プット・オプションに分けられます．他方，満期日以前に権利を行使できるオプションを**アメリカン・オプション**といい，アメリカン・コール・オプションとアメリカン・プット・オプションに分けられます．以下ではヨーロピアン・コール・オプション (単にコール・オプションという) に限定して説明します．

例 7.3 (ヨーロピアン・コール・オプションの例) 現在 1000 円の株券を「約束の日時に約束の 1000 円で買う権利」を 50 円で買ったとします．この 50 円が権利料 (オプション価格) です．さて約束の日に株価が 900 円に下落したとしましょう．このときこの株は，市場では 900 円で購入することができるので，権利を行使して約束どおり 1000 円で購入すると 100 円損しますから，権利を放棄するほうが得策です (ただし権利料 50 円の損失は生じます)．このように権利を行使するか放棄するかを選択することができるところから

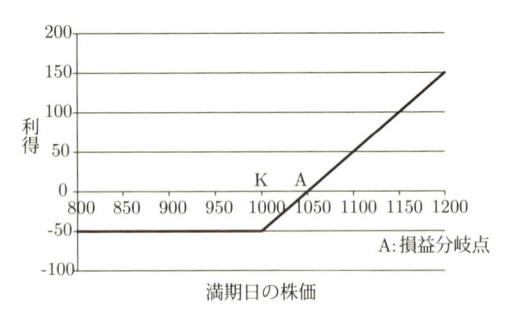

図 7.8 ヨーロピアン・コール・オプションのペイオフ (権利料を含む場合)

オプションと呼ばれます．他方，仮に約束の日に株価が 1100 円に上昇したとしましょう．このとき，市場では 1100 円の値がついている株を，権利を行使して約束どおり 1000 円で購入することができます．この場合は権利料 50 円を差し引いても $1100 - 1050 = 50$ 円の利得が得られます．図 7.8 は，このコール・オプションの得失 (ペイオフ) をグラフに表したものです．すなわち満期日の株価が 1050 円を上回った額だけ権利行使者の利得となります．この図の A 点 (損益分岐点) より右側の右上がりの直線と横軸との間の垂直距離が利得を表します．また A 点と K 点 (行使価格) の間の右上がりの直線と横軸との垂直距離は，株価が 1050 円から 1000 円の間にあるとき権利を行使したら被る損失を表しています．例えば株価が 1030 円のとき権利を行使してこの株を 1000 円で買えば差額 30 円得られますが，すでにオプション料 50 円を払っていますから正味 20 円の損失になります．K 点の左側では権利を放棄しますが，そのときは最初に払ったオプション料 50 円だけ損失することを表しています．

この例ではオプション料を仮に 50 円に設定しましたが，買い手にとっても売り手にとってもオプション料がいくらであれば公平かという問題が残されたままになっています．実はオプションの公正な価格を決めることは簡単ではありませんでした．昔は勘と経験にたよって決められていましたが，この難問に解答を与えたのが有名なブラック・ショールズの公式です．この公式を導くことは本書のレベルを超えるので説明しませんが，ここではその背後にある考え方をできるだけ分かりやすく説明してみましょう．そのために以下で基本的な概念を導入します．

▷ 裁定機会

　まず裁定機会という概念を導入します．元手なしに確実に利益が得られるような機会を裁定機会といいます．また裁定機会が成り立たない場合を**無裁定**といいます．ファイナンス理論では，このような裁定機会は存在しないと仮定して理論が構築されます．この仮定はしばしば「フリーランチは存在しない」と表現されます．

例 7.4 外国を旅行すると至るところに両替商があり，交換比率が店によって微妙に違うので，どこで両替すればよいのか迷います．いま**両替商 A は 1 万円を 110 ドル**に (または 1 ドルを 90.9 円に) 両替してくれ，**両替商 B は 1 万円を 120 ドル**に (または 1 ドルを 83.3 ドルに) 両替してくれるとします．旅先で無一文になった旅行者が，友人に 1 万円借りて両替商 B で 1 万円を 120 ドルに換金し，その足で両替商 A に行きその 120 ドルを円に換金すれば $90.9 \times 120 = 10909$ 円 得ることができます．そのお金で友人に 1 万円返せば手元に 909 円残りますから，無一文から出発し 909 円の利得を稼ぐことができることになります．すなわちこの場合は裁定機会が存在しています．このような裁定機会が存在することはすぐに知れわたり，多くの旅行者は両替商 B に行き円をドルに換金するでしょう．やがて両替商 B は円をドルに換金する際，ドルを多く払い過ぎていることに気づき両替商 A と同じ 1 万円当たり 110 ドルまで交換比率を下げるでしょう．その結果裁定機会は消滅します．

例 7.5 1 年後には 1 万円償還される国債 A と国債 B が同一市場で A は 9000 円で，B は 9500 円で売買されていたとします．この場合にも次のような取引を行えば元手なしに利益を上げることができます．

1) X 氏は友人から国債 B を借り受け，それを売ることによって 9500 円を得ることができます (借りたものを売ることを空売りといいます)．
2) その 9500 円の中から 9000 円支出して国債 A を買います．このとき 9500 円 − 9000 円 = 500 円 が手元に残ります．この 500 円を銀行に預金しておきます．
3) 1 年後に国債 A は 1 万円で償還されますから，その 1 万円で国債 B を購入して友人に返却します．
4) 手元には銀行預金 500 円+預金の利息が残りますから，この取引では元手なしで確実に正の利益が得られます．

5) この場合も元手なしに利益が得られるので裁定機会が存在することが分かります.

例 7.4 は異なる場所における価格差, 例 7.5 は異時点間にわたる価格差から生じる裁定取引の例です. いずれの場合も, このような裁定取引の機会が存在すれば, 割安のものは購入され, 割高のものは売却されて, 最終的には価格差が無くなり裁定機会は消滅します. その結果, 無裁定な状況に落ち着きます. 例 7.5 のような異時点間で裁定機会が消滅するということは, 次のように定理の形にまとめることができます.

● 裁定定理 ●

裁定機会が存在しないならば, 将来価値の等しい資産の現在価値は等しい (一物一価の法則).

この定理は記号を使って次のように表現することができます. 2 つの資産 A と B の現時点の価格を $A(0)$, $B(0)$, 将来時点 t における価格を $A(t)$, $B(t)$ とします (表 7.4). このとき $A(t) = B(t)$ であれば $A(0) = B(0)$ となる, というのが裁定定理です. すなわち A と B の将来価格が等しければ A と B の現在価格も等しくなるという意味です.

表 7.4

	現時点 0	$\cdots$	将来時点 t
資産 A の価格	$A(0)$	$\Rightarrow$	$A(t)$
資産 B の価格	$B(0)$	$\Rightarrow$	$B(t)$

例 7.6 (コール・オプションの価格) ヨーロピアン・コール・オプション (以下, 単にコール・オプション呼びます) の価格がどのように決定されるかを上の基本数値例を使って説明してみましょう. 原資産 (例えば株) の現時点の価格 $S(0)$ を 1000 円, 行使価格 K を 1000 円, 満期日を 1 期後とします. そして 1 期後にこの価格 $S(0)$ は 1.1 倍に上昇するかまたは 0.9 倍に下落すると仮定します (以後一般論を述べる場合は, この上昇倍率を u, 下落倍率を d で表します). さらに価格が上昇する確率を q_u, 下落する確率を q_d としましょう. そうすると今期から 1 期後にかけて確率 q_u で原資産は 1.1 倍に上昇し 1100 円となり, 確率 q_d で原資産価格は 0.9 倍に下落し 900 円になります. 以後このコール・オプションを C で表し, コール・オプション C の

現時点の価格を $C(0)$ で表すことにします．ここでの問題は $C(0)$ をいくらに定めれば公正かという点です．1期後のコール・オプションの価格は，現時点での原資産価格 $S(0)$ が1期後に上昇するか下落するかによって変わってきます．数値例では，原資産価格が上昇する場合は $S(0) = 1000$ 円から $uS(0) = 1100$ 円に上昇し，そのときの利得は 1100 円 − 1000 円 = 100 円です．言い換えればこのとき，このコール・オプションには 100 円の価値があります．したがってこのコール・オプションの価格 C_u も 100 円となります．すなわち $C_u = 100$ 円となります．また原資産価格が下落する場合は $S(0) = 1000$ 円から $dS(0) = 900$ 円に下落します．そのときは原資産価格が行使価格以下ですから権利を放棄するので利得は 0 となります．そのときのコール・オプションの価格を C_d とすれば，$C_d = 0$ 円です．また現時点で $1/(1+r)$ 円の安全資産 (年利 r の定期預金，国債など) は1期後に，原資産が上昇するかまたは下落するかにかかわらず，常に 1 円に上昇します．図示すれば下のように表されます．この図で右上りの矢印は株価が上がったとき，右下りの矢印は株価が下った場合を表しています．

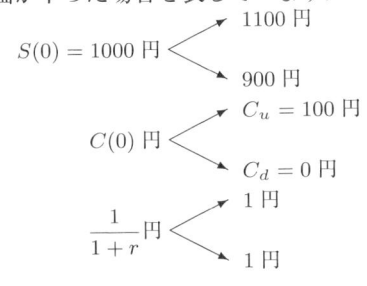

$$S(0) = 1000\text{ 円} \begin{cases} 1100\text{ 円} \\ 900\text{ 円} \end{cases}$$

$$C(0)\text{ 円} \begin{cases} C_u = 100\text{ 円} \\ C_d = 0\text{ 円} \end{cases}$$

$$\frac{1}{1+r}\text{円} \begin{cases} 1\text{ 円} \\ 1\text{ 円} \end{cases}$$

このような図式を **1 期間 2 項ツリー**といいます．

ここでの問題はこのコール・オプションの現在価値を求めるにはどうすればよいかという点です．この問題を解決するために，金融工学では裁定定理を応用して次のような巧妙な方法が用いられます．上に述べた裁定定理を応用するためには 2 つの金融商品 A と B が必要ですから，ここでは A に対応する商品をコール・オプション C とし，B に対応する商品として，次のようなポートフォリオ P を対応させます．P として，a 単位の原資産 $S(0)$ と，銀行預金 $\frac{b}{1+r}$ 円 (1期後に b 円) を組み合わせたポートフォリオを考えます．P の現在価値 $P(0)$ は

$$P(0) = S(0) \times a + \frac{b}{1+r}\text{円}$$

です．そして，原資産が 1.1 倍に上昇したときのポートフォリオの価格を P_u

とすれば $P_u = 1000 \times 1.1 \times a + b$ 円に，原資産が 0.9 倍に下落したときのポートフォリオの価格を P_d とすれば $P_d = 1000 \times 0.9 \times a + b$ 円になります．この状況を図示すると次のようになります．

$$P(0) \text{ 円} \begin{cases} P_u = 1000 \times 1.1 \times a + b \\ P_d = 1000 \times 0.9 \times a + b \end{cases}$$

さてここで原資産価格が上昇したときも，下落したときもポートフォリオ P とコール・オプション C の 1 期後の価格が等しくなるように P を構成できないか考えてみましょう．そのようなポートフォリオ P は

$$C_u = P_u \text{ すなわち } 100 = 1000 \times 1.1 \times a + b$$
$$C_d = P_d \text{ すなわち } 0 = 1000 \times 0.9 \times a + b$$

を満たさなければなりません．この連立方程式を解いて a と b を求めると

$$a = 0.5, \quad b = -450$$

となります．このときポートフォリオ P は 0.5 単位の原資産 ($1000 \times 0.5 = 500$ 円) と銀行からの借り入れ $\frac{b}{1+r} = \frac{-450}{1.05} = -428.571$ 円 (借入金なのでマイナス符号がつく) とを組み合わせたものとなります．このように a と b を定めればコール・オプション C とポートフォリオ P の将来価格が等しくなります．ここで裁定定理「商品 A と B の将来価格が等しいならば，現在価格も等しい」を使えば，このポートフォリオ P の現在価格 $P(0)$ とコール・オプション C の現在価格 $C(0)$ も等しくなければなりませんから，$P(0) = C(0)$ となります．ポートォリオ P の現在価格 $P(0)$ は

$$P(0) = S(0) \times a + \frac{b}{1+r} = 500 - 428.571 = 71.429 \text{ 円}$$

と計算されます．裁定定理により，コール・オプションの現在価格は $P(0)$ に等しくなりますから，$C(0) = 71.429$ となります．このようにして現時点でも将来時点でもコール・オプション C の価格に等しくなるようなポートフォリオ P を構成することができました．これをポートフォリオ P によってコール・オプション C が複製されたといいます．以上の手順を要約すると，

1) コール・オプション C の将来のペイオフと等しいペイオフを持つポートフォリオ P を見つける (ポートフォリオの複製)．
2) ポートフォリオ P の現在価値 $P(0)$ を計算する．

3) 裁定定理より，ポートフォリオ P の現在価値 $P(0)$ とコール・オプションの現在価値 $C(0)$ は等しいので，$P(0) = C(0)$ となる．これよりコール・オプションの現在価値 $C(0)$ が定まる．

以上の説明では原資産価格の上昇確率と下落確率は上の計算過程に出てきませんでした．計算過程の背後にはそれらの確率が作用していたはずですが，それはどのような確率だったのでしょうか．上のような無裁定関係が成立するような価格上昇確率を q_u^*，下落確率を q_d^* という記号で表すことにしましょう．そのような確率 q_u^* と q_d^* をリスク中立確率といいます．価格下落のリスク中立確率 q_d^* はいうまでもなく $q_d^* = 1 - q_u^*$ となります．現実の原資産価格上昇確率 q_u が q_u^* に等しいとは限りませんが，もしこの確率 q_u^* のもとで価格が変動したとするならば，上の無裁定関係が成立します (そうなるように q_u を定めたのですから当然です)．このようなリスク中立確率は実は

$$q_u^* = \frac{1+r-d}{u-d}$$

となることが理論的に示されます (リスク中立確率の求め方は数学的補足を見てください)．上の数値例にこの式を当てはめれば

$$q_u^* = \frac{1+0.05-0.9}{1.1-0.9} = 0.75$$

となります．このリスク中立確率の下でオプション価格が C_u となる確率は $q_u^* = 0.75$，また C_d となる確率は $q_d^* = 0.25$ です．したがってリスク中立確率のもとでは，1期後のオプション価格の期待値は $q_u^* C_u + q_d^* C_d$ となります．ここで利子率 r を使ってこの期待値を現在価値に割り引けば $\frac{1}{1+r}(q_u^* C_u + q_d^* C_d)$ となります．この値は裁定定理の下で，言い換えれば無裁定のもとで導かれたものですから，この価格に等しくなるようにオプションの現在の価格 $C(0)$ を設定すれば無裁定価格が得られます．すなわちオプションの現時点での価格は

$$C(0) = \frac{1}{1+r}(q_u^* C_u + q_d^* C_d)$$

とすればよいことが示されました．基本数値例にこの式を当てはめてみると

$$\frac{1}{1+r}(q_u^* C_u + q_d^* C_d) = \frac{1}{1+0.05}(0.75 \times 100 + 0.25 \times 0)$$
$$= 71.429$$

となり，上で求めた結果と同じになります．すなわち上の1期間2項ツリーで求められたコール・オプション価格は，リスク中立確率の下で求めた1期

後のオプション価格の期待値 $q_u^* C_u + q_d^* C_d$ を現在価値に割り引いたものに他ならないのです.

リスク中立確率の考え方と計算手順を確認するために別の数値例を考えてみましょう.

例 7.7 (1 期間 2 項ツリーモデル) 上昇倍率 $u = 1.1$, 下落倍率 $d = 0.9$, 年間利子率 $r = 0.05$, 現時点 0 の原資産価格 $S(0) = 50$, 行使価格 $K = 50$ とします. リスク中立確率は上で計算したように $q = 0.75$ です. このような設定とリスク中立確率の下で起こりうる結果を整理すると以下のようになります.

- 1 期後に価格が上昇した場合：$50 \times 1.1 = 55$

  そのときのオプションの利得 $\max\{55 - 50, 0\} = 5$, その確率 0.75

  ここに $\max\{a, b\}$ は a と b の大きいほうの値をとるという記号です.

- 1 期後に価格下落した場合：$50 \times 0.9 = 45$

  そのときのオプションの利得 $\max\{45 - 50, 0\} = 0$, その確率 0.25

  したがって,

  1 期後のオプション価格の期待値：$5 \times 0.75 + 0 \times 0.25 = 3.75$

  この期待値の現在価値：$\frac{3.75}{1+0.05} = 3.5714$ (コール・オプションの現在価値)

この結果を表にまとめると次の図 7.9 のようになります. このように求められたオプション価格 3.571 円は無裁定価格です. もしこのコール・オプションが市場でこの価格以下で売られていれば, 割安なのでそれを購入すれば裁定機会を利用して利益を上げることが期待できます. またもしこの価格以上で売られているとき, それを購入すれば割高のものを購入することになりますから, 損失を避けるためには購入を見送るべきだということになります.

現時点の株価	1期後の株価	利得	期待値
50	55	5	3.75
	45	0	0

オプション価格=3.571

図 7.9 1 期間 2 項ツリー

例 7.8 (5 期間 2 項ツリーモデル) 例 7.7 と同じ初期設定の下で 5 期間に

step	0	1	2	3	4	5	コール価格	その確率	C
5						80.53①	30.53	0.237	7.24
					73.21				
4				66.55		65.88②	15.88	0.396	6.28
			60.5		59.90				
3		55		54.45		53.91③	3.91	0.264	1.03
	50		49.5		49.01				
2		45		44.55		44.10④	0.00	0.088	0.00
			40.5		40.10				
1				36.45		36.09⑤	0.00	0.015	0.00
					32.81				
0						29.52⑥	0.00	0.001	0.00
									14.56
									13.86

現時点 0 の原資産価格：50

- 5 期後に①に到達したときの価格：$50 \times 1.1^5 = 80.53$
  そのときのオプションの利得 $\max(80.53, 50) = 30.53$, その確率 0.237
- 5 期後に②に到達したときの価格：$50 \times 1.1^4 \times 0.9 = 65.88$,
  そのときのオプションの利得 $\max(65.88, 50) = 15.88$, その確率 0.396
- 5 期後に③に到達したときの価格：$50 \times 1.1^3 \times 0.9^2 = 53.91$
  そのときのオプションの利得 $\max(53.91, 50) = 3.91$, その確率 0.264
- ⋮
- 5 期後に⑥に到達したときの価格：$50 \times 0.9^5 = 29.52$,
  そのときのオプションの利得 $\max(29.52, 50) = 0$, その確率 0.001
- したがって5期後のオプション価格の期待値：
  $30.53 \times 0.237 + 15.88 \times 0.396 + 3.91 \times 0.264 = 14.56$
- この期待値の現在割引価値：$\dfrac{14.56}{(1+0.05)^5} = 11.408$ ← コールオプションの現在価値
- C＝コール価格×その確率

図 **7.10**　5 期間 2 項ツリー

延長した場合を考えてみましょう．図 7.10 は 5 期間に起こりうる状況を図示した 5 期間 2 項ツリーです．またリスク中立確率は上と同じ $q_u^* = 0.75$, $q_t^* = 0.25$ です．

- 5 期後に図中の ① に到達したときの価格：$50 \times 1.1^5 = 80.53$

  そのときのオプションの利得：$\max\{80.53 - 50, 0\} = 30.53$, その確率は 5 期間中連続して 5 回上昇する確率ですから，リスク中立確率 $q_u^* = 0.75$ を使って 2 項分布より計算すれば，$0.75^5 = 0.237$ となります．

- 5 期後に ② に到達したときの価格：$50 \times 1.1^4 \times 0.9 = 65.88$

  そのときのオプションの利得 $\max\{65.88 - 50, 0\} = 15.88$, その確率は 5 期間中 4 回上昇して 1 回下落する確率ですから，2 項分布から 0.396 と計算されます．

- 5 期後に ③ に到達したときの価格：$50 \times 1.1^3 \times 0.9^2 = 53.91$

  そのときのオプションの利得 $\max\{53.91 - 50, 0\} = 3.91$, その確率は 5 期間中 3 回上昇して 2 回下落する確率ですから，2 項分布から 0.264 と計算されます．

	ステップ1	ステップ2	ステップ3	ステップ4	ステップ5	ステップ6	ステップ7	ステップ8	ステップ9	ステップ10 (A)	コール価格 (B)	その確率	(C)
10										129.69	79.69	0.0563	4.487
9									117.90	106.11	56.11	0.1877	10.532
8								107.18	96.46	80.82	36.82	0.2816	10.366
7							97.44	87.69	78.92	71.03	21.03	0.2503	5.263
6						88.58	79.72	71.75	64.57	58.12	8.12	0.1460	1.184
5					80.53	72.47	65.23	58.70	52.83	47.55	0	0.0584	0
4				73.21	65.88	59.30	53.37	48.03	43.23	38.90	0	0.0162	0
3			66.55	59.90	53.91	48.51	43.66	39.30	35.37	31.83	0	0.0031	0
2		60.5	54.45	49.01	44.10	39.69	35.72	32.15	28.94	26.04	0	0.0004	0
1	55	49.5	44.55	40.10	36.09	32.48	29.23	26.31	23.68	21.31	0	0.0000	0
0	50	45	40.5	36.45	32.81	29.52	26.57	23.91	21.52	17.43	0	0.0000	0
									19.37				

$S(0):\ 50$
$K:\ 50$
$r:\ 0.05$
$u:\ 1.1$
$d:\ 0.9$
$q_u:\ 0.75$
$q_d:\ 0.25$
ステップ: 10

(A) 10 期後の資産価格
(B) 10 期後のコール価格
(C) コール価格×その確率
(D) コール価格の期待値
(E) コール価格の期待値の割引現在価値

(D) 31.83408
(E) 19.54336

図 **7.11** 10 期間 2 項ツリー

⋮

- 5 期後に ⑥ に到達したときの価格:$50 \times 0.9^5 = 29.52$

そのときのオプションの利得 $\max\{29.52 - 50, 0\} = 0$,その確率は 5 期間中連続して 5 回下落する確率ですから,2 項確率から 0.001 と計算されます.

したがって 5 期後のオプション価格の期待値は $30.53 \times 0.237 + 15.88 \times 0.396 + 3.91 \times 0.264 + 0.0 \times 0.088 + 0.0 \times 0.015 + 0.0 \times 0.001 = 14.56$
この期待値の割引現在価値は $\frac{14.56}{(1+0.05)^5} = 11.408$ となります.
これがコール・オプションの現在価値になります.

例 7.9 (**10 期間 2 項ツリーモデル**) これまでと同じ初期設定のもとで 10 期間に延長した 10 期間 2 項ツリーを図 7.11 に示します.

以上の説明から分かるように,オプション価格の理論値は,無裁定,安全資産の利子率,リスク中立確率という概念を使って計算されます.コール・オプション価格のブラック・ショールズの公式はいま説明した 2 項ツリーモデルの考え方を n 期間 2 項モデルに拡張し,n が大きいとき 2 項分布は正規分

布で近似されるという性質を使うことによって得られます．数値例 7.9 (10期間 2 項ツリーモデル) のパラメータを用いてブラック・ショールズによるコールオプションの価格を求めると 20.01839 となり，かなり近い値となります．その導出過程は高等数学を使った複雑な計算を要するので本書では省略しますが，基本的な考え方は上の例の中に含まれています．さらに詳しい数学的な導出過程に関心のある読者は例えば『計量ファイナンス分析の基礎』(小暮厚之，照井伸彦，朝倉書店) など大学レベルの中級の教科書を参照してください．

数学的補足：リスク中立確率の求め方

いま a 単位の原資産と b 単位の安全資産を組み合わせて，1 期間後，原資産価格が上昇しても下落してもポートフォリオの価格がコール・オプションの価格に等しくなるようなポートフォリオ P，すなわち

$$P \text{ の } 1 \text{ 期後の価格} = \text{オプションの } 1 \text{ 期後の価格}$$

が成立するようなポートフォリオを作ってみましょう．このようなポートフォリオを作ることをポートフォリオの複製といい，その結果得られるポートフォリオを複製ポートフォリオといいます．複製ポートフォリオの価格は次の 2 つの式

- 株価上昇の場合：$uS(0)a + b \times (1+b) = C_u$
- 株価下落の場合：$dS(0)a + b \times (1+b) = C_d$

を満たさなければなりません．この連立方程式から a と b を求めると

$$a = \frac{C_u - C_d}{uS(0) - dS(0)} \equiv a^*$$

$$b = \frac{uC_d - dC_u}{u - d} \equiv b^*$$

となります．

▶ リスク中立確率

上に求めたような 1 期後のポートフォリオの価値と，1 期後のコール・オプションの価値が等しいようなポートフォリオ P が構成できたとすれば，裁定定理からこのポートフォリオの現在価値とこのコール・オプションの現在価値は等しくなければならないので，以下の関係式が成り立ちます．

コールオプション C の現在価格 $C(0) = $ ポートフォリオ P の現在価格

$$\begin{aligned} C(0) &= S(0)a^* + \frac{1}{1+r}b^* \quad (\text{この式に } a^*, b^* \text{ を代入する}) \\ &= \frac{C_u - C_d}{u - d} + \frac{1}{1+r}\frac{uC_d - dC_u}{u - d} \\ &= \frac{1}{1+r}(q_u^* C_u + q_d^* C_d) \end{aligned}$$

ここに
$$q_u^* = \frac{1+r-d}{u-d}, \quad q_d^* = 1 - q_u^* = \frac{u-(1+r)}{u-d}$$
です．このように求められた q_u^* と q_d^* をリスク中立確率といいます．

練習問題

[1] A 株，B 株の期待収益率，ボラティリティ，相関係数が以下の表で与えられているとする．次の①〜⑤について答えなさい．

	期待収益率	ボラティリティ	相関係数
A 株	0.1	0.3	-0.85
B 株	0.2	0.4	

① A 株への投資比率を 0 から 0.1 ずつ 1 まで増やしたとき (B 株へ投資比率は 1 から 0.1 ずつ 0 まで減る) のポートフォリオの期待収益率を計算しなさい．

② A 株への投資比率を 0 から 0.1 ずつ 1 まで増やしたとき (B 株へ投資比率は 1 から 0.1 ずつ 0 まで減る) のポートフォリオのボラティリティを計算しなさい．

③ ①と②で計算した期待収益率を縦軸に，ボラティリティを横軸にとってグラフを書きなさい．

④ 東証一部上場銘柄の中から 2 銘柄を選び，2 つの株価データから収益率の平均，標準偏差 (これらを期待収益率とボラティリティと見なす)，相関係数を求めポートフォリオを作成し，投資比率を変化させてポートフォリオの期待収益率とボラティリティを求めさない．

⑤ ④で計算したポートフォリオの期待収益率を縦軸に，ボラティリティを横軸にとってグラフを書きなさい．

[2] 現在の株価が 2000 であるとする．1 期後の株価は 10%上昇し 2200 円になるか 10%下降して 1800 円になるかのいずれかであるとする．安全資産の収益率が 5%のとき，権利行使価格が 1900 円のコールオプションの価格はいくらになるか計算しなさい．

[3] 例 7.2 において A 株，B 株，銀行預金 (無リスク資産) C の 3 つの金融資産から構成される最適なポートフォリオは，どのような構成になりますか．

[4] 例 7.6 の数値例を使って，次の問いに答えなさい
① この例におけるリスク中立確率を求めなさい．
② 2 期後に満期になる場合，このコールオプションの無裁定価格を求めなさい．
③ 3 期後に満期になる場合，このコールオプションの無裁定価格を求めなさい．

付　　表

正規分布表の見方

　最初に確率変数 Z が標準正規分布に従っているときに，ある値 z 以下の確率を求めたいとします．

　例として $z = 1.64$ として説明します．巻末の正規分布表の第 1 列 (これを表側といいます) から小数点第 1 位までの値を探します．今の例では 1.6 です (①の場所)．次に表の第 1 行 (これを表頭といいます) から小数点第 2 位の値を探します．今の例では 0.04 です (②の場所)．今，見つけた行と列が交差するところの数値が求めたい確率となります．今回の例では 0.949 です (四角で囲まれた部分)．

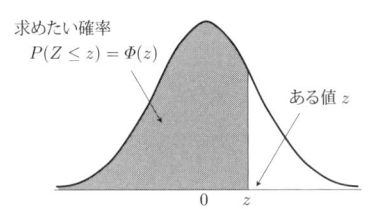

　次に，左側確率がある値 (例えば 0.95) に対応する横軸座標 z の値を求めたい場合は，その左側確率が示されているセル (升目) を見つけ，そのセルに対応する z の小数第 1 位の値を表側から，第 2 位の値を表頭から求めることができます．

z	0.00	0.01	0.02	0.03	0.04	0.05	0.06	0.07
0.0	0.500	0.504	0.508	0.512	0.516	0.520	0.524	0.528
0.1	0.540	0.544	0.548	0.552	0.556	0.560	0.564	0.567
0.2	0.579	0.583	0.587	0.591	0.595	0.599	0.603	0.606
0.3	0.618	0.622	0.626	0.629	0.633	0.637	0.641	0.644
0.4	0.655	0.659	0.663	0.666	0.670	0.674	0.677	0.681
0.5	0.691	0.695	0.698	0.702	0.705	0.709	0.712	0.716
0.6	0.726	0.729	0.732	0.736	0.739	0.742	0.745	0.749
0.7	0.758	0.761	0.764	0.767	0.770	0.773	0.776	0.779
0.8	0.788	0.791	0.794	0.797	0.800	0.802	0.805	0.808
0.9	0.816	0.819	0.821	0.824	0.826	0.829	0.831	0.834
1.0	0.841	0.844	0.846	0.848	0.851	0.853	0.855	0.858
1.1	0.864	0.867	0.869	0.871	0.873	0.875	0.877	0.879
1.2	0.885	0.887	0.889	0.891	0.893	0.894	0.896	0.898
1.3	0.903	0.905	0.907	0.908	0.910	0.911	0.913	0.915
1.4	0.919	0.921	0.922	0.924	0.925	0.926	0.928	0.929
1.5	0.933	0.934	0.936	0.937	0.938	0.939	0.941	0.942
1.6	0.945	0.946	0.947	0.948	0.949	0.951	0.952	0.953
1.7	0.955	0.956	0.957	0.958	0.959	0.960	0.961	0.962
1.8	0.964	0.965	0.966	0.966	0.967	0.968	0.969	0.969
1.9	0.971	0.972	0.973	0.973	0.974	0.974	0.975	0.976

t 分布表の見方

右の表の第 1 行目 (表頭) は t 分布の右片側の確率 p を表します。また表の左側の第 1 列 (表側) は t 分布の自由度を表しています。そしてこの表の内側の数値は，自由度 ν の t 分布の右端の確率が p となるような横軸の値 (t の値) を示しています。例えば，この表から自由度 10 の t 分布において右端の確率が 0.025 となる場合の横軸上の値は 2.228 となることが読みとられます．

自由度 ν				P		
	0.250	0.100	0.050	0.025	0.010	0.005
1	1.000	3.078	6.314	12.706	31.821	63.657
2	0.816	1.886	2.920	4.303	6.965	9.925
3	0.765	1.638	2.353	3.182	4.541	5.841
4	0.741	1.533	2.132	2.776	3.747	4.604
5	0.727	1.476	2.015	2.571	3.365	4.032
6	0.718	1.440	1.943	2.447	3.143	3.707
7	0.711	1.415	1.895	2.365	2.998	3.499
8	0.706	1.397	1.860	2.306	2.896	3.355
9	0.703	1.383	1.833	2.262	2.821	3.250
10	0.700	1.372	1.812	2.228	2.764	3.169
11	0.697	1.363	1.796	2.201	2.718	3.106
12	0.695	1.356	1.782	2.179	2.681	3.055
13	0.694	1.350	1.771	2.160	2.650	3.012
14	0.692	1.345	1.761	2.145	2.624	2.977
15	0.691	1.341	1.753	2.131	2.602	2.947

カイ 2 乗 (χ^2) 分布表の見方

最後に確率変数 χ^2 がカイ 2 乗分布に従っているときについて説明します．この表も先ほどの t 分布表と同様に第 1 行目はカイ 2 乗分布の右片側の確率 p を表します．また表の左側の第 1 列はカイ 2 乗分布の自由度を表しています．そしてこの表の内側の数値は，自由度 ν のカイ 2 乗分布の右端の確率が p となるような横軸の値 (χ^2 の値) を示しています．例えば，この表から自由度 5 のカイ 2 乗分布において右端の確率が 0.05 となる場合の横軸上の値は 11.07 (四角で囲まれた部分) となることが読みとられます．

自由度 ν						P					
	0.995	0.990	0.975	0.950	0.900	0.500	0.250	0.100	0.050	0.025	0.010	0.005
1	0.00	0.00	0.00	0.00	0.02	0.45	1.32	2.71	3.84	5.02	6.63	7.88
2	0.01	0.02	0.05	0.10	0.21	1.39	2.77	4.61	5.99	7.38	9.21	10.60
3	0.07	0.11	0.22	0.35	0.58	2.37	4.11	6.25	7.81	9.35	11.34	12.84
4	0.21	0.30	0.48	0.71	1.06	3.36	5.39	7.78	9.49	11.14	13.28	14.86
5	0.41	0.55	0.83	1.15	1.61	4.35	6.63	9.24	11.07	12.83	15.09	16.75
6	0.68	0.87	1.24	1.64	2.20	5.35	7.84	10.64	12.59	14.45	16.81	18.55
7	0.99	1.24	1.69	2.17	2.83	6.35	9.04	12.02	14.07	16.01	18.48	20.28
8	1.34	1.65	2.18	2.73	3.49	7.34	10.22	13.36	15.51	17.53	20.09	21.95
9	1.73	2.09	2.70	3.33	4.17	8.34	11.39	14.68	16.92	19.02	21.67	23.59
10	2.16	2.56	3.25	3.94	4.87	9.34	12.55	15.99	18.31	20.48	23.21	25.19
11	2.60	3.05	3.82	4.57	5.58	10.34	13.70	17.28	19.68	21.92	24.72	26.76

標準正規分布表

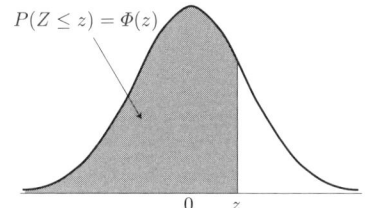

$P(Z \leq z) = \Phi(z)$

z	0.00	0.01	0.02	0.03	0.04	0.05	0.06	0.07	0.08	0.09
0.0	0.500	0.504	0.508	0.512	0.516	0.520	0.524	0.528	0.532	0.536
0.1	0.540	0.544	0.548	0.552	0.556	0.560	0.564	0.567	0.571	0.575
0.2	0.579	0.583	0.587	0.591	0.595	0.599	0.603	0.606	0.610	0.614
0.3	0.618	0.622	0.626	0.629	0.633	0.637	0.641	0.644	0.648	0.652
0.4	0.655	0.659	0.663	0.666	0.670	0.674	0.677	0.681	0.684	0.688
0.5	0.691	0.695	0.698	0.702	0.705	0.709	0.712	0.716	0.719	0.722
0.6	0.726	0.729	0.732	0.736	0.739	0.742	0.745	0.749	0.752	0.755
0.7	0.758	0.761	0.764	0.767	0.770	0.773	0.776	0.779	0.782	0.785
0.8	0.788	0.791	0.794	0.797	0.800	0.802	0.805	0.808	0.811	0.813
0.9	0.816	0.819	0.821	0.824	0.826	0.829	0.831	0.834	0.836	0.839
1.0	0.841	0.844	0.846	0.848	0.851	0.853	0.855	0.858	0.860	0.862
1.1	0.864	0.867	0.869	0.871	0.873	0.875	0.877	0.879	0.881	0.883
1.2	0.885	0.887	0.889	0.891	0.893	0.894	0.896	0.898	0.900	0.901
1.3	0.903	0.905	0.907	0.908	0.910	0.911	0.913	0.915	0.916	0.918
1.4	0.919	0.921	0.922	0.924	0.925	0.926	0.928	0.929	0.931	0.932
1.5	0.933	0.934	0.936	0.937	0.938	0.939	0.941	0.942	0.943	0.944
1.6	0.945	0.946	0.947	0.948	0.949	0.951	0.952	0.953	0.954	0.954
1.7	0.955	0.956	0.957	0.958	0.959	0.960	0.961	0.962	0.962	0.963
1.8	0.964	0.965	0.966	0.966	0.967	0.968	0.969	0.969	0.970	0.971
1.9	0.971	0.972	0.973	0.973	0.974	0.974	0.975	0.976	0.976	0.977
2.0	0.977	0.978	0.978	0.979	0.979	0.980	0.980	0.981	0.981	0.982
2.1	0.982	0.983	0.983	0.983	0.984	0.984	0.985	0.985	0.985	0.986
2.2	0.986	0.986	0.987	0.987	0.987	0.988	0.988	0.988	0.989	0.989
2.3	0.989	0.990	0.990	0.990	0.990	0.991	0.991	0.991	0.991	0.992
2.4	0.992	0.992	0.992	0.992	0.993	0.993	0.993	0.993	0.993	0.994
2.5	0.994	0.994	0.994	0.994	0.994	0.995	0.995	0.995	0.995	0.995
2.6	0.995	0.995	0.996	0.996	0.996	0.996	0.996	0.996	0.996	0.996
2.7	0.997	0.997	0.997	0.997	0.997	0.997	0.997	0.997	0.997	0.997
2.8	0.997	0.998	0.998	0.998	0.998	0.998	0.998	0.998	0.998	0.998
2.9	0.998	0.998	0.998	0.998	0.998	0.998	0.998	0.999	0.999	0.999
3.0	0.999	0.999	0.999	0.999	0.999	0.999	0.999	0.999	0.999	0.999

t 分 布 表

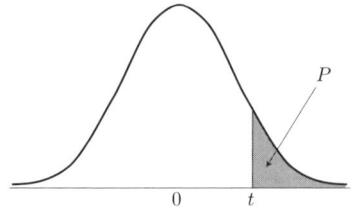

自由度 ν	\multicolumn{6}{c}{P}
	0.250	0.100	0.050	0.025	0.010	0.005
1	1.000	3.078	6.314	12.706	31.821	63.657
2	0.816	1.886	2.920	4.303	6.965	9.925
3	0.765	1.638	2.353	3.182	4.541	5.841
4	0.741	1.533	2.132	2.776	3.747	4.604
5	0.727	1.476	2.015	2.571	3.365	4.032
6	0.718	1.440	1.943	2.447	3.143	3.707
7	0.711	1.415	1.895	2.365	2.998	3.499
8	0.706	1.397	1.860	2.306	2.896	3.355
9	0.703	1.383	1.833	2.262	2.821	3.250
10	0.700	1.372	1.812	2.228	2.764	3.169
11	0.697	1.363	1.796	2.201	2.718	3.106
12	0.695	1.356	1.782	2.179	2.681	3.055
13	0.694	1.350	1.771	2.160	2.650	3.012
14	0.692	1.345	1.761	2.145	2.624	2.977
15	0.691	1.341	1.753	2.131	2.602	2.947
16	0.690	1.337	1.746	2.120	2.583	2.921
17	0.689	1.333	1.740	2.110	2.567	2.898
18	0.688	1.330	1.734	2.101	2.552	2.878
19	0.688	1.328	1.729	2.093	2.539	2.861
20	0.687	1.325	1.725	2.086	2.528	2.845
21	0.686	1.323	1.721	2.080	2.518	2.831
22	0.686	1.321	1.717	2.074	2.508	2.819
23	0.685	1.319	1.714	2.069	2.500	2.807
24	0.685	1.318	1.711	2.064	2.492	2.797
25	0.684	1.316	1.708	2.060	2.485	2.787
26	0.684	1.315	1.706	2.056	2.479	2.779
27	0.684	1.314	1.703	2.052	2.473	2.771
28	0.683	1.313	1.701	2.048	2.467	2.763
29	0.683	1.311	1.699	2.045	2.462	2.756
30	0.683	1.310	1.697	2.042	2.457	2.750
31	0.682	1.309	1.696	2.040	2.453	2.744
32	0.682	1.309	1.694	2.037	2.449	2.738
33	0.682	1.308	1.692	2.035	2.445	2.733
34	0.682	1.307	1.691	2.032	2.441	2.728
35	0.682	1.306	1.690	2.030	2.438	2.724
40	0.681	1.303	1.684	2.021	2.423	2.704
45	0.680	1.301	1.679	2.014	2.412	2.690
50	0.679	1.299	1.676	2.009	2.403	2.678
60	0.679	1.296	1.671	2.000	2.390	2.660
70	0.678	1.294	1.667	1.994	2.381	2.648
80	0.678	1.292	1.664	1.990	2.374	2.639
90	0.677	1.291	1.662	1.987	2.368	2.632
100	0.677	1.290	1.660	1.984	2.364	2.626

カイ2乗分布表

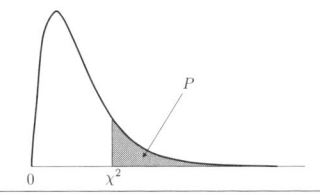

自由度 ν	\multicolumn{11}{c}{P}										
	0.995	0.990	0.975	0.950	0.900	0.500	0.250	0.100	0.050	0.025	0.010	0.005
1	0.00	0.00	0.00	0.00	0.02	0.45	1.32	2.71	3.84	5.02	6.63	7.88
2	0.01	0.02	0.05	0.10	0.21	1.39	2.77	4.61	5.99	7.38	9.21	10.60
3	0.07	0.11	0.22	0.35	0.58	2.37	4.11	6.25	7.81	9.35	11.34	12.84
4	0.21	0.30	0.48	0.71	1.06	3.36	5.39	7.78	9.49	11.14	13.28	14.86
5	0.41	0.55	0.83	1.15	1.61	4.35	6.63	9.24	11.07	12.83	15.09	16.75
6	0.68	0.87	1.24	1.64	2.20	5.35	7.84	10.64	12.59	14.45	16.81	18.55
7	0.99	1.24	1.69	2.17	2.83	6.35	9.04	12.02	14.07	16.01	18.48	20.28
8	1.34	1.65	2.18	2.73	3.49	7.34	10.22	13.36	15.51	17.53	20.09	21.95
9	1.73	2.09	2.70	3.33	4.17	8.34	11.39	14.68	16.92	19.02	21.67	23.59
10	2.16	2.56	3.25	3.94	4.87	9.34	12.55	15.99	18.31	20.48	23.21	25.19
11	2.60	3.05	3.82	4.57	5.58	10.34	13.70	17.28	19.68	21.92	24.72	26.76
12	3.07	3.57	4.40	5.23	6.30	11.34	14.85	18.55	21.03	23.34	26.22	28.30
13	3.57	4.11	5.01	5.89	7.04	12.34	15.98	19.81	22.36	24.74	27.69	29.82
14	4.07	4.66	5.63	6.57	7.79	13.34	17.12	21.06	23.68	26.12	29.14	31.32
15	4.60	5.23	6.26	7.26	8.55	14.34	18.25	22.31	25.00	27.49	30.58	32.80
16	5.14	5.81	6.91	7.96	9.31	15.34	19.37	23.54	26.30	28.85	32.00	34.27
17	5.70	6.41	7.56	8.67	10.09	16.34	20.49	24.77	27.59	30.19	33.41	35.72
18	6.26	7.01	8.23	9.39	10.86	17.34	21.60	25.99	28.87	31.53	34.81	37.16
19	6.84	7.63	8.91	10.12	11.65	18.34	22.72	27.20	30.14	32.85	36.19	38.58
20	7.43	8.26	9.59	10.85	12.44	19.34	23.83	28.41	31.41	34.17	37.57	40.00
21	8.03	8.90	10.28	11.59	13.24	20.34	24.93	29.62	32.67	35.48	38.93	41.40
22	8.64	9.54	10.98	12.34	14.04	21.34	26.04	30.81	33.92	36.78	40.29	42.80
23	9.26	10.20	11.69	13.09	14.85	22.34	27.14	32.01	35.17	38.08	41.64	44.18
24	9.89	10.86	12.40	13.85	15.66	23.34	28.24	33.20	36.42	39.36	42.98	45.56
25	10.52	11.52	13.12	14.61	16.47	24.34	29.34	34.38	37.65	40.65	44.31	46.93
26	11.16	12.20	13.84	15.38	17.29	25.34	30.43	35.56	38.89	41.92	45.64	48.29
27	11.81	12.88	14.57	16.15	18.11	26.34	31.53	36.74	40.11	43.19	46.96	49.64
28	12.46	13.56	15.31	16.93	18.94	27.34	32.62	37.92	41.34	44.46	48.28	50.99
29	13.12	14.26	16.05	17.71	19.77	28.34	33.71	39.09	42.56	45.72	49.59	52.34
30	13.79	14.95	16.79	18.49	20.60	29.34	34.80	40.26	43.77	46.98	50.89	53.67
35	17.19	18.51	20.57	22.47	24.80	34.34	40.22	46.06	49.80	53.20	57.34	60.27
40	20.71	22.16	24.43	26.51	29.05	39.34	45.62	51.81	55.76	59.34	63.69	66.77
45	24.31	25.90	28.37	30.61	33.35	44.34	50.98	57.51	61.66	65.41	69.96	73.17
50	27.99	29.71	32.36	34.76	37.69	49.33	56.33	63.17	67.50	71.42	76.15	79.49
100	67.33	70.06	74.22	77.93	82.36	99.33	109.14	118.50	124.34	129.56	135.81	140.17

参 考 文 献

本書が参考にした教科書および本書の次に読むことをお勧めする入門書
1) 『「偶然」にひそむ数学法則　確率に強くなる』ニュートン別冊　ニュートンプレス　2010 年
2) 『世界を変えた手紙　パスカル，フェルマーと〈確率〉の誕生』キース・デブリン著，原　啓介訳　岩波書店
3) 『統計でリスクと向き合う　新版』宮川公男　東洋経済新報社　2007 年
4) 『基本統計学　第 3 版』宮川公男　有斐閣　1999 年
5) 『初等統計解析』佐和隆光　新曜社　1985 年
6) 『コア・テキスト　統計学　第 2 版』大屋幸輔　新世社　2011 年
7) 『経済統計』田中勝人　岩波書店　1996 年
8) 『計量経済学』田中勝人　岩波書店　1998 年
9) 『金融工学』(日経文庫) 木島正明　日本経済新聞社　2002 年
10) 『金融工学入門』刈屋武昭，小暮厚之　東洋経済新報社　2002 年
11) 『計量ファイナンス分析の基礎』小暮厚之，照井伸彦　朝倉書店　2001 年
12) 『統計学』森棟公夫，照井伸彦，中川　満，西埜晴久，黒住英司　有斐閣　2008 年
13) 『リスク・リテラシーが身につく統計的思考方法　初歩からベイズ推定まで』ゲルト・ギーゲレンツァー著，吉田利子訳　早川書房　2010 年
14) *Introduction to Statistical Time Series*, Second Edition, Wayne A. Fuller, John Wiley & Sons, 1996
15) *Options, Futures, and Other Derivatives*, Ninth Edition, John C. Hull, Prentice Hall, 2014

練習問題解答

第1章
[1] ① 11.4, ② 4.716, ③ 0.452, ④ 2.389.
[2] 度数分布表から平均と分散を計算する.

$$平均 = \frac{1}{100}(15 \times 1 + 25 \times 1 + 35 \times 5 + 45 \times 18 + 55 \times 26 + 65 \times 28 + 75 \times 15$$
$$+ 85 \times 5 + 95 \times 1) = 59.2$$

$$分散 = \frac{1}{100}\{(15-59.2)^2 \times 1 + (25-59.2)^2 \times 1 + (35-59.2)^2 \times 5 + \cdots$$
$$+ (95-59.2)^2 \times 1\} = \frac{19436}{100} = 194.36$$

[3] 省略.
[4] 国語の偏差値 $= (70-60)/11.4 \times 10 + 50 = 58.77$, 数学の偏差値 $= (50-40)/17.3 \times 10 + 50 = 55.78$. したがって国語のほうがよくできたといえる.
[5] 東証株価指数 (TOPIX) とは,東証市場第一部に上場しているすべての日本企業 (内国普通株式全銘柄) を対象として次の計算式によって計算された指数である.

$$\text{TOPIX} = 算出時点の構成銘柄の時価総額 \div 基準時価総額 \times 100$$

ここで基準時価総額は1968年1月4日の時価総額である.詳しくは東京証券取引所のホームページを見よ.

日経平均とは東証1部上場銘柄の中から日本経済新聞社が225銘柄を選定し,その株価の平均を計算した株価指数で連続性を保つために修正が施されている.詳しくは日経平均プロフィルのホームページを見よ.

[6] 比較時2のパーシェ物価指数 $= \dfrac{800 \times 0.4 + 600 \times 1.6 + 500 \times 4.0}{400 \times 0.4 + 300 \times 1.6 + 200 \times 4.0} = \dfrac{2100}{2300} = 227.78$.

[7] 平均時速 $= \dfrac{走行距離}{所要時間} = \dfrac{30 + 100 + 40}{30/40 + 100/80 + 20/40} = \dfrac{170}{2.361} = 72.0$.

[8] 省略.

第2章
[1] 1/6 (図2.6を参照).
[2] ① 5/14, ② 15/28.
[3] 18 通り.
[4] 56 通り.
[5] ① $E(X) = 0 \times 0.30 + 2 \times 0.25 + 4 \times 0.20 + 6 \times 0.15 + 8 \times 0.10 = 3$, ② $V(X) = (0-3)^2 \times 0.30 + (2-3)^2 \times 0.25 + (4-3)^2 \times 0.20 + (6-3)^2 \times 0.15 + (8-3)^2 \times 0.10 = 7$, ③ $E(2X+3) = 2 \times 3 + 3 = 9$, ④ $V(2X+3) = 4 \times 7 = 28$.

[6] 2 項分布の公式から 2 人が遅刻する確率は $P(X=2) =_5C_2 \times (0.2)^2 \times (0.8)^3 = 0.2048$.
[7] C が勝つ確率 $= 0.63281$.
[8] A：大腸がんに罹っている，$\bar{A}$：大腸がんに罹っていない，B：陽性，$\bar{B}$：陰性とするとき，ある被検者の検査結果が陽性のとき，被検者が本当に大腸がんに罹患している確率 P はベイズの公式より
$$P = \frac{0.5 \times 0.003}{0.5 \times 0.003 + 0.03009 \times 0.997} = 0.0476$$

第 3 章

[1] 0.6826.
[2] 0.9973.
[3] ① 0.050503，② 0.009903，③ 0.965099.
[4] ① 44.55 点，② 84.6 点.
[5] 国語の点と数学の点の合計点 $w = x + y$ は，平均 $= 40 + 60 = 100$，分散 $= 17.3^2 + 11.4^2 = 429.25$ の正規分布に従う．合計点を標準化した $z = \frac{w-100}{\sqrt{429.25}}$ は標準正規分布 $N(0,1)$ に従うことから，合計点が 70 以上 140 以下の生徒数は全体の 89.8%.
[6] 省略.

第 4 章

[1] ① 正規分布，期待値 10，分散 1/4，② 0.774538.
[2] ① [149.1833, 150.8167]，② [149.0292, 150.9708]，③ [148.775, 151.225].
[3] ① [39868.8, 40131.2]，② [39843.2, 40156.8]，③ 1537 個.
[4] t 値を計算すると $t = 5$ となり，臨界点を超えているので，帰無仮説は棄却される．
[5] (1) の観点：中央値を計算するためには観測値を小さい順に並べ替える手間がかかるが，平均値の計算ではその手間が省かれるので計算が容易．(2) の観点：両者とも不偏推定量であるが，$\bar{x}$ の分散 σ^2/n のほうが $\tilde{x}$ の分散 $\pi\sigma^2/2n$ より小さいから $\bar{x}$ のほうが推定精度が高い．
[6] ① 表 2.3 より帰無仮説が棄却される確率は $P(X \leq 4) = 0.37697$ (左片側検定)．② 表 2.5 より $p = 0.4$ のとき帰無仮説が採択される (第 2 種の誤りの) 確率は $P(X \geq 5) = 0.3669$．③ 検出力 $= 1 - $ 第 2 種の誤りの確率 $= 0.6331$．

第 5 章

[1] ① $\bar{x} = 6.9$, $\bar{y} = 22.6$，② $\sigma_x = 2.3781$, $\sigma_y = 5.1467$ (この標準偏差は (データ数 -1) で割っている)，③ 0.795，④ $\hat{a} = 10.72495$, $\hat{b} = 1.721022$，⑤ 238.4，⑥ 150.7614，⑦ 87.6385，⑧ 0.6323，⑨ $\hat{a}$ の信頼区間 [2.958743392 18.49115838]，$\hat{b}$ の信頼区間 [0.65121893 2.790824292]，⑩ $\hat{a}$ に対する t の値は 3.18，$\hat{b}$ に対する t の値は 3.71 なので両方とも帰無仮説は棄却される．
[2] $r_{xy \cdot z} = 0.889$.
[3] $s_x = \sqrt{\sum(x_i - \bar{x})^2/n}$, $s_y = \sqrt{\sum(y_i - \bar{y})^2/n}$, $s_{xy} = \frac{\sum(x_i-\bar{x})(y_i-\bar{y})}{n}$, $b = \frac{\sum(x_i-\bar{x})(y_i-\bar{y})}{\sum(x_i-\bar{x})^2}$. これらを右辺各項に代入すれば $\frac{s_x}{s_y}b = \frac{s_x}{s_y}\frac{s_{xy}}{s_x^2} = \frac{s_{xy}}{s_x s_y} = r_{xy}$.

第 6 章

[1] 省略.

[2] $d = 5.789/6.979 = 0.829$. この値は,表 6.3 において $k = 1$, $n = 20$ または 22 のいずれの場合も下限値 d_l より小さいので正の自己相関があると判定される.したがって残差系列に説明可能な系統的な変動が含まれていることが強く疑われる.説明変数を追加するなどさらに分析する必要がある.

[3] (6.15) 式の時点を 1 期ずらすと

$$y_{t-1} = \alpha y_{t-2} + u_{t-1} - \beta u_{t-2}$$

となる.これより (6.15) 式の第 1 項の y_{t-1} は u_{t-2} の影響を受けていることが分かる.したがって y_{t-1} と攪乱項 $u_{t-1} - \beta u_{t-2}$ は相関を持つ.

第 7 章

[1] ①〜②

A 株への投資比率	0	0.1	0.2	0.3	0.4	0.5	0.6	0.7	0.8	0.9	1
期待収益率	0.2	0.19	0.18	0.17	0.16	0.15	0.14	0.13	0.12	0.11	0.1
分散	0.16	0.11	0.07	0.04	0.02	0.01	0.01	0.02	0.03	0.06	0.09

③

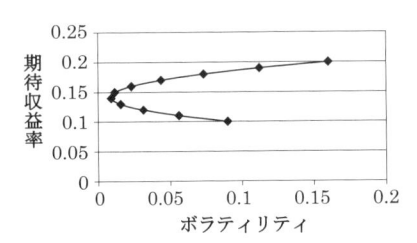

④〜⑤ 省略.

[2] 214.2857 円.

[3]

	A 株	B 株	無リスク資産 C
期待収益率	0.05	0.1	0.01
標準偏差	0.1	0.2	0
分散	0.01	0.04	0
相関係数		−0.8	—

無リスク資産 C の存在によって,A 株と B 株からなるポートフォリオ $D(\alpha)$ (接点ポートフォリオ) は $D(0.664)$ と計算される.すなわち A 株:B 株 $= 0.664 : 0.336$ となる.また,無リスク資産 C を含むポートフォリオ F は $F(\gamma) = \gamma D(0.664) + (1-\gamma)C$ で与えられるので,A 株:B 株:無リスク資産 $C = 0.6829\gamma : 0.3171\gamma : (1-\gamma)$ となる.ここで,γ の値は,投資家の無差別曲線が与えられれば,一意に定まる.

索　引

欧数字

Dickey–Fuller の検定　126

GARCH　127

t 値　105
t 分布　82

あ行

アメリカン・オプション　145

1 階の自己回帰モデル　123
1 期間 2 項ツリー　149
一様分布　76
一致推定量　78
一致性　77, 78
移動平均　120

オプション　145
オプション価格　145

か行

回帰式　96
階級　5
階級値　6
階級幅　6
カイ 2 乗分布　88
攪乱項　95

棄却域　86

記述統計学　71
季節調整　120
季節変動　120
期待値　47
基本事象　30
帰無仮説　84
共分散　107

空事象　31
組み合わせ　45

経験的確率　32
月次データ　115
決定係数　97
原系列　120
原資産　145

行使価格　145
高頻度データ　116
コール・オプション　145
五分位階級　19
コレログラム　123
根元事象　30

さ行

最小 2 乗法　96
最小分散推定量　78
最小分散性　77, 78
最小分散不偏推定量　78
裁定機会　147
最頻値　8
残差　95

散布図　91

事後確率　39
事象　30
指数　117
事前確率　39
実現値　73
実質値　119
四半期データ　115
週次データ　115
自由度　88
順列　43
消費関数　95
小標本特性　79
信頼区間　81, 102
信頼係数　81, 83, 102

推測統計学　71
推定値　73
推定量　73

正規分布　54
正規母集団　72
正規乱数　125
成長率　116
正の相関　92
積事象　31
説明変数　95
センサス局法 X-12-ARIMA　120
全事象　31
全数調査　72

相関係数　92
相対度数　6

た　行

第1種の誤り　87
対数収益率　116
対数成長率　116
第2種の誤り　87
大標本特性　79
対立仮説　84
ダービン・ワトソン検定　128
単位根　126

単位根検定　126

中央値　8
中心極限定理　77
直感的確率　32

定常時系列　124

統計量　8
得失　146
独立　36
独立試行　41
度数　5
度数分布表　6

な　行

日次データ　115

年次データ　115

は　行

排反　31
ハイリスク・ハイリターン　138
発散過程　130

被説明変数　95
左片側検定　88
非定常時系列　125
標準化変量　15
標準誤差　85, 103
標準正規分布　58
標準偏差　13
標本　72
　――の大きさ　73
標本観測値　72
標本空間　30
標本調査　72
標本点　30
標本比率　79
標本分散　72
標本分布　74
標本平均　72
標本変動　74

複利計算　145
プット・オプション　145
不偏推定値　82
不偏推定量　77
不偏性　77
分散　13
　　──の不均一性　127
分布　7

ペイオフ　146
平均値　8
ベイズの公式　39
ベイズの定理　39
ベルヌーイ試行　41
偏差値　15

ポートフォリオ　138
母集団　71
母集団回帰式　100
母集団パラメータ　71
母集団比率　79
母集団分布　71
母数　71
母分散　72
母平均　72
ボラティリティ　127, 138
ボラティリティ・クラスタリング　127

ま 行

満期日　145

右片側検定　88

無裁定　147
無作為標本抽出　72

無相関　93

名目値　118

モンテカルロ法　2

や 行

有意水準　86
有効フロンティア　140

ヨーロピアン・オプション　145
余事象　31

ら 行

ランダムウォーク　126

離散的確率変数　41
リスク中立確率　151
リスクを分散する　138
両側検定　86
臨界値　86

累積度数　6

連続型確率変数　41, 56

ローリスク・ローリターン　138

わ 行

歪度　16
和事象　31
割引現在価値　144
割り引く　144

編著者略歴

前川　功一
(まえかわ　こういち)

1943 年　神奈川県に生まれる
1969 年　一橋大学大学院経済学研究科
　　　　　修士課程修了
現　在　広島経済大学学長
　　　　　経済学博士

著者略歴

得津　康義
(とくつ　やすよし)

1972 年　広島県に生まれる
2004 年　広島大学大学院社会科学研究科
　　　　　博士課程後期修了
現　在　広島経済大学経済学部准教授
　　　　　博士（経済学）

河合　研一
(かわい　けんいち)

1972 年　岐阜県に生まれる
2004 年　広島大学大学院社会科学研究科
　　　　　博士課程後期単位取得満期退学
現　在　別府大学国際経営学部准教授
　　　　　博士（経済学）

経済・経営系のための
よくわかる統計学

定価はカバーに表示

2014 年 3 月 25 日　初版第 1 刷

編著者	前　川　功　一
著　者	得　津　康　義
	河　合　研　一
発行者	朝　倉　邦　造
発行所	株式会社　朝　倉　書　店

東京都新宿区新小川町 6-29
郵 便 番 号　162-8707
電　話　03（3260）0141
Ｆ Ａ Ｘ　03（3260）0180
http://www.asakura.co.jp

〈検印省略〉

ⓒ 2014〈無断複写・転載を禁ず〉

中央印刷・渡辺製本

ISBN 978-4-254-12197-1　C 3041　　Printed in Japan

JCOPY <（社）出版者著作権管理機構 委託出版物>

本書の無断複写は著作権法上での例外を除き禁じられています．複写される場合は，
そのつど事前に，（社）出版者著作権管理機構（電話 03-3513-6969，FAX 03-3513-
6979，e-mail: info@jcopy.or.jp）の許諾を得てください．

前中大 小林道正著
基礎からわかる数学3
はじめての確率・統計
11549-9 C3341　　B5判 144頁 本体2400円

確率・統計をはじめて学ぶ人たちのために，身近で想像しやすい具体例を豊富に用い，基本概念から丁寧に解説。大学での調査・研究で，役立てることができるレベルの実力を身につける。演習・例題も多数収録した，読みやすいテキスト。

電通大 久保木久孝著
確率・統計解析の基礎
12167-4 C3041　　A5判 216頁 本体3400円

理系にとどまらず文系にも重要な道具について初学者向けにやさしく解説〔内容〕確率の基礎／確率変数と分布関数／確率ベクトルと分布関数／大数の法則，中心極限定理／確率分布／従属性のある確率変数列／統計的推測の基礎／正規母集団／他

元東大 岡部靖憲著
確率・統計
―文章題のモデル解法―
11127-9 C3041　　A5判 196頁 本体2800円

中学・高校・大学の確率・統計の初歩的かつ基本的な多くの文章題のモデル解法について懇切丁寧に詳述。〔内容〕文章題／集合／場合の数を求める文章題のモデル解法／確率を求める文章題のモデル解法／統計学における文章題のモデル解法

東大 縄田和満著
Excel による確率入門
12155-1 C3041　　A5判 192頁 本体3200円

「不確実性」や統計を扱うための確率・確率分布の基礎を解説。Excelを使い問題を解きながら学ぶ。〔内容〕確率の基礎／確率変数／多次元の確率分布／乱数によるシミュレーション／確率空間／大数法則と中心極限定理／推定・検定，χ^2, t, F分布

東大 縄田和満著
Excel による統計入門
―Excel 2007対応版―
12172-8 C3041　　A5判 212頁 本体2800円

Excel 2007完全対応。実際の操作を通じて統計学の基礎と解析手法を身につける。〔内容〕Excel入門／表計算／グラフ／データの入力と処理／1次元データ／代表値／2次元データ／マクロとユーザ定義関数／確率分布と乱数／回帰分析他

高橋麻奈著
ここからはじめる 統計学の教科書
12190-2 C3041　　A5判 152頁 本体2400円

まったくの初心者へ向けて統計学の基礎を丁寧に解説。図表や数式の意味が一目でわかる。〔内容〕データの分布を調べる／データの「関係」を整理する／確率分布を考える／標本から推定する／仮説が正しいか調べる（検定）／統計を応用する

慶大 小暮厚之著
シリーズ〈統計科学のプラクティス〉1
Rによる統計データ分析入門
12811-6 C3341　　A5判 180頁 本体2900円

データ科学に必要な確率と統計の基本的な考え方をRを用いながら学ぶ教科書。〔内容〕データ／2変数のデータ／確率／確率変数と確率分布／確率分布モデル／ランダムサンプリング／仮説検定／回帰分析／重回帰分析／ロジット回帰モデル

北里大 鶴田陽和著
すべての医療系学生・研究者に贈る
独習統計学24講
―医療データの見方・使い方―
12193-3 C3041　　A5判 224頁 本体3200円

医療分野で必須の統計的概念を入門者にも理解できるよう丁寧に解説。高校までの数学のみを用い，プラセボ効果や有病率など身近な話題を通じて，統計学の考え方から研究デザイン，確率分布，推定，検定までを一歩一歩学習する。

明大 刈屋武昭・広経大 前川功一・東大 矢島美寛・学習院大 福地純一郎・統数研 川崎能典編
経済時系列分析ハンドブック
29015-8 C3050　　A5判 788頁 本体18000円

経済分析の最前線に立つ実務家・研究者へ向けて主要な時系列分析手法を俯瞰。実データへの適用を重視した実践志向のハンドブック。〔内容〕時系列分析基礎(確率過程・ARIMA・VAR他)／回帰分析基礎／シミュレーション／金融経済財務データ(季節調整他)／ベイズ統計とMCMC／資産収益率モデル(酔歩・高頻度データ他)／資産価格モデル／リスクマネジメント／ミクロ時系列分析(マーケティング・環境・パネルデータ)／マクロ時系列分析(景気・為替他)／他

上記価格（税別）は2014年2月現在